中国农业标准经典收藏系列

最新中国农业行业标准

第七辑

公告分册

农业标准出版研究中心　编

中 国 农 业 出 版 社

出 版 说 明

2011 年初，我中心出版了《中国农业标准经典收藏系列·最新中国农业行业标准》（共六辑），将 2004—2009 年由我社出版的 1 800 多项标准汇编成册，得到了广大读者的一致好评。无论从阅读方式还是从参考使用上，都给读者带来了很大方便。为了加大农业标准的宣贯力度，扩大标准汇编本的影响，满足和方便读者的需要，我们在总结以往出版经验的基础上策划了《最新中国农业行业标准·第七辑》。

以往的汇编本专业细分不够，定价较高，且忽视了专业读者群体。本次汇编弥补了以往的不足，对 2010 年出版的 280 项农业标准进行了专业细分，根据专业不同分为畜牧兽医、水产、种植业、土壤肥料、植保、农机、公告和综合 8 个分册。

本书收集整理了 2010 年由农业部以第 1485 号和第 1486 号公告形式发布的国家标准 29 项，以及由农业部和卫生部联合发布的食品安全国家标准 2 项，并在书后附有 8 个标准公告供参考。

特别声明：

1. 汇编本着尊重原著的原则，除明显差错外，对标准中涉及的量、符号、单位和编写体例均未做统一改动。

2. 从印制工艺的角度考虑，原标准中的彩色部分在此只给出黑白图片。

本书可供农业生产人员、标准管理干部和科研人员使用，也可供大中专院校师生参考。

农业标准出版研究中心

2011 年 10 月

目　　录

出版说明

ICS 65.100
G 25

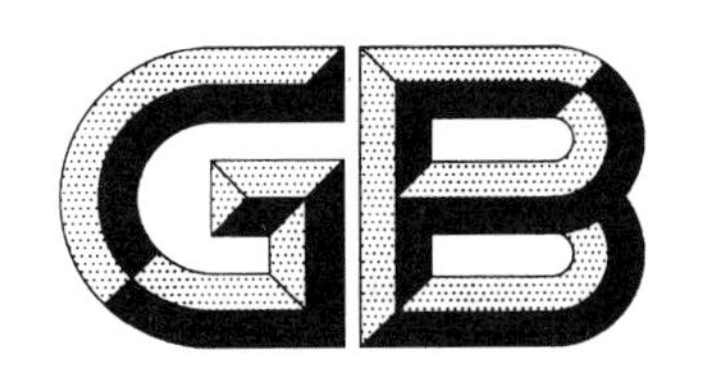

中华人民共和国国家标准

GB 25193—2010

食品中百菌清等 12 种农药最大残留限量

Maximum residue limits for 12 pesticides in food

2010-07-29 发布　　2010-11-01 实施

中华人民共和国卫生部
中华人民共和国农业部　发布

前　　言

本标准按照GB/T 1.1—2009给出的规则起草。

本标准中唑螨酯的相关规定代替GB 2763—2005《食品中农药最大残留限量》中的相关规定。

本标准与国际食品法典委员会(CAC)标准《食品中农药最大残留限量》(2009)中的相关规定的一致性程度为等同。

食品中百菌清等12种农药最大残留限量

1 范围

本标准规定了食品中百菌清等12种农药的最大残留限量。

本标准适用于与限量相关的食品种类。

2 规范性引用文件

下列文件对于本文件的应用是必不可少的。凡是注日期的引用文件，仅注日期的版本适用于本文件。凡是不注日期的引用文件，其最新版本(包括所有的修改单)适用于本文件。

GB/T 5009.105 黄瓜中百菌清残留量的测定

GB/T 5009.143 蔬菜、水果、食用油中双甲脒残留量的测定

GB/T 5009.145 植物性食品中有机磷和氨基甲酸酯类农药多种残留的测定

GB/T 5009.173 梨果、柑橘类水果中噻螨酮残留量的测定

GB/T 19648 水果和蔬菜中500种农药及相关化学品残留的测定 气相色谱—质谱法

GB/T 19649 粮谷中475种农药及相关化学品残留量的测定 气相色谱—质谱法

GB/T 20769 水果和蔬菜中450种农药及相关化学品残留量的测定 液相色谱—串联质谱法

NY/T 761 蔬菜和水果中有机磷、有机氯、拟除虫菊酯和氨基酸酯类农药多残留的测定

SN 0279 出口水果中双甲脒残留量检验方法

SN 0499 出口水果蔬菜中百菌清残留量检验方法

SN 0592 出口粮谷及油籽中苯丁锡残留量检验方法

SN/T 1975 进出口食品中苯醚甲环唑残留量的检测方法 气相色谱—质谱法

SN/T 1977 进出口水果和蔬菜中唑螨酯残留量检测方法 高效液相色谱法

SN/T 2158 进出口食品中毒死蜱残留量检测方法

德国食品与日用品法(LMBG §35)推荐官方分析方法(2002年版)

3 术语和定义

下列术语和定义适用于本文件。

3.1

残留物 pesticide residues

任何由于使用农药而在农产品及食品中出现的特定物质，包括被认为具有毒理学意义的农药衍生物，如农药转化物、代谢物、反应产物以及杂质等。

3.2

最大残留限量 maximium residue limits(MRLs)

在生产或保护商品过程中，按照农药使用的良好农业规范(GAP)使用农药后，允许农药在各种农产品及食品中或其表面残留的最大浓度。

3.3

每日允许摄入量 acceptable daily intakes(ADI)

人类每日摄入某物质至终生，而不产生可检测到的对健康产生危害的量，以每千克体重可摄入的量(毫克)表示，单位为mg/kg bw。

4 技术要求

每种农药的最大残留限量规定如下。

4.1 百菌清(chlorothalonil)

4.1.1 主要用途:杀菌剂。

4.1.2 ADI:0 mg/kg bw～0.02 mg/kg bw。

4.1.3 残留物:百菌清。

4.1.4 最大残留限量:应符合表1的规定。

表1

食品名称	最大残留限量,mg/kg
番　茄	5
黄　瓜	5

4.1.5 检测方法:按NY/T 761、SN 0499、GB/T 5009.105规定的方法测定。

4.2 苯丁锡(fenbutatin oxide)

4.2.1 主要用途:杀螨剂。

4.2.2 ADI:0 mg/kg bw～0.03 mg/kg bw。

4.2.3 残留物:苯丁锡。

4.2.4 最大残留限量:应符合表2的规定。

表2

食品名称	最大残留限量,mg/kg
番　茄	1*
* 因无相关的监测方法,该限量为临时限量。	

4.2.5 检测方法:参照SN 0592规定的方法测定。

4.3 苯醚甲环唑(difenoconazole)

4.3.1 主要用途:杀菌剂。

4.3.2 ADI:0 mg/kg bw～0.01 mg/kg bw。

4.3.3 残留物:苯醚甲环唑。

4.3.4 最大残留限量:应符合表3的规定。

表3

食品名称	最大残留限量,mg/kg
梨	0.5

4.3.5 检测方法:按GB/T 19648、GB/T 20769、SN/T 1975规定的方法执行。

4.4 丁硫克百威(carbosulfan)

4.4.1 主要用途:杀虫剂。

4.4.2 ADI:0 mg/kg bw～0.01 mg/kg bw。

4.4.3 残留物:丁硫克百威、克百威、3—羟基克百威的总和。

4.4.4 最大残留限量:应符合表4的规定。

表4

食品名称	最大残留限量,mg/kg
棉　籽	0.05

4.4.5 检测方法:按LMBG §35规定的方法执行。

4.5 毒死蜱(chlorpyrifos)

4.5.1 主要用途:杀虫剂。

4.5.2 ADI:0 mg/kg bw~0.01 mg/kg bw。

4.5.3 残留物:毒死蜱。

4.5.4 最大残留限量:应符合表5的规定。

表5

食品名称	最大残留限量,mg/kg
柑　橘	1

4.5.5 检测方法:按GB/T 5009.145、GB/T 19648、GB/T 20769、NY/T 761、SN/T 2158规定的方法执行。

4.6 氟酰胺(flutolanil)

4.6.1 主要用途:杀菌剂。

4.6.2 ADI:0 mg/kg bw~0.09 mg/kg bw。

4.6.3 残留物:氟酰胺。

4.6.4 最大残留限量:应符合表6的规定。

表6

食品名称	最大残留限量,mg/kg
糙　米	2

4.6.5 检测方法:按GB/T 19649规定的方法执行。

4.7 抗蚜威(pirimicarb)

4.7.1 主要用途:杀虫剂。

4.7.2 ADI:0 mg/kg bw~0.02 mg/kg bw。

4.7.3 残留物:抗蚜威。

4.7.4 最大残留限量:应符合表7的规定。

表7

食品名称	最大残留限量,mg/kg
小　麦	0.05

4.7.5 检测方法:按GB/T 19649规定的方法执行。

4.8 氯苯胺灵(chlorpropham)

4.8.1 主要用途:植物生长调节剂。

4.8.2 ADI:0 mg/kg bw～0.05 mg/kg bw。

4.8.3 残留物:氯苯胺灵。

4.8.4 最大残留限量:应符合表8的规定。

表8

食品名称	最大残留限量,mg/kg
马铃薯	30

4.8.5 检测方法:按GB/T 19649规定的方法执行。

4.9 噻螨酮(hexythiazox)

4.9.1 主要用途:杀螨剂。

4.9.2 ADI:0 mg/kg bw～0.03 mg/kg bw。

4.9.3 残留物:噻螨酮。

4.9.4 最大残留限量:应符合表9的规定。

表9

食品名称	最大残留限量,mg/kg
柑　橘	0.5

4.9.5 检测方法:按GB/T 5009.173、GB/T 19648、GB/T 20769规定的方法执行。

4.10 双甲脒(amitraz)

4.10.1 主要用途:杀虫剂。

4.10.2 ADI:0 mg/kg bw～0.01 mg/kg bw。

4.10.3 残留物:双甲脒。

4.10.4 最大残留限量:应符合表10的规定。

表10

食品名称	最大残留限量,mg/kg
苹　果	0.5
柑　橘	0.5
棉　籽	0.5

4.10.5 检测方法:按GB/T 5009.143、SN 0279规定的方法执行。

4.11 异菌脲(iprodione)

4.11.1 主要用途:杀菌剂。

4.11.2 ADI:0 mg/kg bw～0.06 mg/kg bw。

4.11.3 残留物:异菌脲。

4.11.4 最大残留限量:应符合表11的规定。

表11

食品名称	最大残留限量,mg/kg
苹　果	5

4.11.5 检测方法:按 GB/T 19648、NY/T 761 规定的方法执行。

4.12 唑螨酯(fenpyroximate)

4.12.1 主要用途:杀螨剂。

4.12.2 ADI:0 mg/kg bw～0.01 mg/kg bw。

4.12.3 残留物:唑螨酯。

4.12.4 最大残留限量:应符合表 12 的规定。

表 12

食品名称	最大残留限量,mg/kg
苹　果	0.3
柑　橘	0.2

4.12.5 检测方法:按 GB/T 19648、GB/T 20769、SN/T 1977 规定的方法执行。

ICS 65.100
G 25

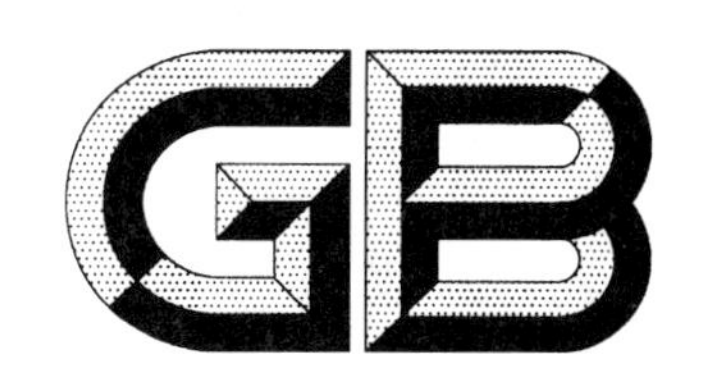

中华人民共和国国家标准

GB 26130—2010

食品中百草枯等54种农药最大残留限量

Maximum residue limits for 54 pesticides in food

2011-1-21 发布　　　　2011-4-1 实施

中华人民共和国卫生部
中华人民共和国农业部　发布

目　次

前　　言

本标准按照 GB/T 1.1—2009 给出的规则起草。

本标准中乙酰甲胺磷和甲胺磷在糙米中的相关规定代替 GB 2763—2005 中乙酰甲胺磷和甲胺磷在稻谷上的相关规定。

本标准中硫丹在茶叶中的相关规定代替 GB 2763—2005 第 1 号修改单中硫丹在茶叶上的相关规定。

本标准与国际食品法典委员会(CAC)标准《食品中农药最大残留限量》(2009)中的相关规定的一致性程度为非等同。

食品中百草枯等54种农药最大残留限量

1 范围

本标准规定了食品中百草枯等54种农药的最大残留限量。

本标准适用于与限量相关的食品种类。

2 规范性引用文件

下列文件对于本标准的应用是必不可少的。凡是注日期的引用文件，仅注日期的版本适用于本文件。凡是不注日期的引用文件，其最新版本(包括所有的修改单)适用于本文件。

GB/T 5009.21 粮、油、菜中甲萘威残留量的测定

GB/T 5009.102 植物性食品中辛硫磷农药残留量的测定

GB/T 5009.103 植物性食品中甲胺磷和乙酰甲胺磷农药残留量的测定

GB/T 5009.107 植物性食品中二嗪磷残留量的测定

GB/T 5009.144 植物性食品中甲基异柳磷残留量的测定

GB/T 5009.145 植物性食品中有机磷和氨基甲酸酯类农药多种残留的测定

GB/T 5009.147 植物性食品中除虫脲残留量的测定

GB/T 5009.184 粮食、蔬菜中噻嗪酮残留量的测定

GB/T 5009.201 梨中烯唑醇残留量的测定

GB/T 19648 水果和蔬菜中500种农药及相关化学品残留的测定 气相色谱—质谱法

GB/T 19649 粮谷中475种农药及相关化学品残留量的测定 气相色谱—质谱法

GB/T 20769 水果和蔬菜中450种农药及相关化学品残留量的测定 液相色谱—串联质谱法

GB/T 23376 茶叶中农药多残留测定 气相色谱/质谱法

GB/T 23380 水果、蔬菜中多菌灵残留的测定 高效液相色谱法

GB/T 23750 植物性产品中草甘膦残留量的测定 气相色谱—质谱法

NY/T 761 蔬菜和水果中有机磷、有机氯、拟除虫菊酯和氨基甲酸酯类农药多残留的测定

NY/T 1016 水果蔬菜中乙烯利残留量的测定 气相色谱法

NY/T 1096 食品中草甘膦残留量测定

NY/T 1453 蔬菜及水果中多菌灵等16种农药残留测定 液相色谱—质谱—质谱联用法

NY/T 1680 蔬菜水果中多菌灵等4种苯并咪唑类农药残留量的测定 高效液相色谱法

SN 0150 出口水果中三唑锡残留量检验方法

SN 0340 出口粮谷、蔬菜中百草枯残留量检验方法 紫外分光光度法

SN 0493 出口粮谷中敌百虫残留量检验方法

SN 0592 出口粮谷及油籽中苯丁锡残留量检验方法

SN/T 1923 进出口食品中草甘膦残留量的检测方法 液相色谱—质谱-质谱法

SN/T 1975 进出口食品中苯醚甲环唑残留量的检测方法 气相色谱—质谱法

SN/T 1976 进出口水果和蔬菜中嘧菌酯残留量检测方法 气相色谱法

SN/T 1982 进出口食品中氟虫腈残留量检测方法 气相色谱—质谱法

SN/T 1990 进出口食品中三唑锡和三环锡残留量的检测方法 气相色谱—质谱法

SN/T 2158 进出口食品中毒死蜱残留量检测方法

SN/T 2236 进出口食品中氟硅唑残留量检测方法 气相色谱—质谱法

JAP-018 吡蚜酮检测方法

JAP-055 氟定脲、除虫脲、虫酰肼、氟苯脲、氟虫脲、氟铃脲和氟丙氧脲检测方法

德国食品与饲料法(LFGB § 64)推荐官方分析方法(2010 年版)

3 术语和定义

下列术语和定义适用于本文件。

3.1

残留物 pesticide residues

任何由于使用农药而在农产品及食品中出现的特定物质,包括被认为具有毒理学意义的农药衍生物,如农药转化物、代谢物、反应产物以及杂质等。

3.2

最大残留限量 maximium residue limits(MRLs)

在生产或保护商品过程中,按照农药使用的良好农业规范(GAP)使用农药后,允许农药在各种农产品及食品中或其表面残留的最大浓度。

3.3

每日允许摄入量 acceptable daily intakes(ADI)

人类每日摄入某物质至终生,而不产生可检测到的对健康产生危害的量,以每千克体重可摄入的量(毫克)表示,单位为 mg/kg bw。

4 技术要求

4.1 百草枯(paraquat)

4.1.1 主要用途:除草剂。

4.1.2 ADI:0.005 mg/kg bw。

4.1.3 残留物:百草枯阳离子。

4.1.4 最大残留限量:应符合表 1 的规定。

表 1

食品名称	最大残留限量,mg/kg
棉籽	0.2
香蕉	0.02
苹果	0.05*
* 因该数值为方法的最低检出限,该限量为临时限量,下同。	

4.1.5 检测方法:按 SN 0340 规定的方法执行。

4.2 苯丁锡(fenbutatin oxide)

4.2.1 主要用途:杀螨剂。

4.2.2 ADI:0.03 mg/kg bw。

4.2.3 残留物:苯丁锡。

4.2.4 最大残留限量:应符合表 2 的规定。

表 2

食品名称	最大残留限量,mg/kg
柑橘	1

4.2.5 检测方法:参照 SN 0592 规定的方法测定。

4.3 苯菌灵(benomyl)

4.3.1 主要用途:杀菌剂。

4.3.2 ADI:0.1 mg/kg bw。

4.3.3 残留物:苯菌灵和多菌灵的总和。

4.3.4 最大残留限量:应符合表 3 的规定。

表 3

食品名称	最大残留限量,mg/kg
柑橘	5**
梨	3**
** 因无相关的监测方法,该限量为临时限量,下同。	

4.3.5 检测方法:参照 GB/T 23380、NY/T 1680 规定的方法执行。

4.4 苯醚甲环唑(difenoconazole)

4.4.1 主要用途:杀菌剂。

4.4.2 ADI:0.01 mg/kg bw。

4.4.3 残留物:苯醚甲环唑。

4.4.4 最大残留限量:应符合表 4 的规定。

表 4

食品名称	最大残留限量,mg/kg
茶叶	10
大蒜	0.2
柑橘	0.2
荔枝	0.5

4.4.5 检测方法:按 GB/T 19648、GB/T 20769、SN/T 1975 规定的方法执行。

4.5 吡蚜酮(pymetrozine)

4.5.1 主要用途:杀虫剂。

4.5.2 ADI:0.03 mg/kg bw。

4.5.3 残留物:吡蚜酮。

4.5.4 最大残留限量:应符合表 5 的规定。

表 5

食品名称	最大残留限量,mg/kg
小麦	0.02

4.5.5 检测方法:按 JAP-018 规定的方法执行。

4.6 丙森锌(propineb)

4.6.1 主要用途:杀菌剂。

4.6.2 ADI:0.007 mg/kg bw。

4.6.3 残留物:丙森锌(以 CS_2 计)。

4.6.4 最大残留限量:应符合表 6 的规定。

表 6

食品名称	最大残留限量,mg/kg
大白菜	5
番茄	5
黄瓜	5

4.6.5 检测方法:按 GB/T 20769 规定的方法执行。

4.7 草甘膦(glyphosate)

4.7.1 主要用途:除草剂。

4.7.2 ADI:1 mg/kg bw。

4.7.3 残留物:草甘膦。

4.7.4 最大残留限量:应符合表 7 的规定。

表 7

食品名称	最大残留限量,mg/kg
茶叶	1
柑橘	0.5
苹果	0.5

4.7.5 检测方法:茶叶、柑橘按 SN/T 1923 规定的方法执行;苹果按 GB/T 23750、NY/T 1096 规定的方法执行。

4.8 虫酰肼(tebufenozide)

4.8.1 主要用途:杀虫剂。

4.8.2 ADI:0.02 mg/kg bw。

4.8.3 残留物:虫酰肼。

4.8.4 最大残留限量:应符合表 8 的规定。

表 8

食品名称	最大残留限量,mg/kg
结球甘蓝	1

4.8.5 检测方法:按 GB/T 20769 规定的方法执行。

4.9 除虫脲(diflubenzuron)

4.9.1 主要用途:杀虫剂。

4.9.2 ADI:0.02 mg/kg bw。

4.9.3 残留物:除虫脲。

4.9.4 最大残留限量:应符合表 9 的规定。

表 9

食品名称	最大残留限量,mg/kg
茶叶	20

4.9.5 检测方法:按 JAP-055 或参照 GB/T 5009.147 规定的方法执行。

4.10 春雷霉素(kasugamycin)

4.10.1 主要用途:杀菌剂。

4.10.2 ADI:0.113 mg/kg bw。

4.10.3 残留物:春雷霉素。

4.10.4 最大残留限量:应符合表10的规定。

表 10

食品名称	最大残留限量,mg/kg
糙米	0.1**
番茄	0.05**

4.11 敌百虫(trichlorfon)

4.11.1 主要用途:杀虫剂。

4.11.2 ADI:0.002 mg/kg bw。

4.11.3 残留物:敌百虫和敌敌畏的总和。

4.11.4 最大残留限量:应符合表11的规定。

表 11

食品名称	最大残留限量,mg/kg
糙米	0.1
结球甘蓝	0.1
普通白菜	0.1

4.11.5 检测方法:糙米按SN 0493规定的方法执行;甘蓝、普通白菜按GB/T 20769、NY/T 761规定的方法执行。

4.12 地虫硫磷(fonofos)

4.12.1 主要用途:杀虫剂。

4.12.2 ADI:0.002 mg/kg bw。

4.12.3 残留物:地虫硫磷。

4.12.4 最大残留限量:应符合表12的规定。

表 12

食品名称	最大残留限量,mg/kg
花生	0.1
甘蔗	0.1

4.12.5 检测方法:花生按GB/T 19649规定的方法执行;甘蔗按GB/T 19648、GB/T 20769、NY/T 761规定的方法执行。

4.13 丁硫克百威(carbosulfan)

4.13.1 主要用途:杀虫剂。

4.13.2 ADI:0.01 mg/kg bw。

4.13.3 残留物:丁硫克百威、克百威、3-羟基克百威的总和。

4.13.4 最大残留限量:应符合表13的规定。

表 13

食品名称	最大残留限量,mg/kg
糙米	0.5
柑橘	1
苹果	0.2
花生	0.05
黄瓜	0.2
节瓜	1
结球甘蓝	1

4.13.5 检测方法:柑橘、苹果、黄瓜、节瓜、甘蓝按 NY/T 761 规定的方法执行;花生、糙米按 LFGB §64 规定的方法执行。

4.14 毒死蜱(chlorpyrifos)

4.14.1 主要用途:杀虫剂。

4.14.2 ADI:0.01 mg/kg bw。

4.14.3 残留物:毒死蜱。

4.14.4 最大残留限量:应符合表 14 的规定。

表 14

食品名称	最大残留限量,mg/kg
荔枝	1

4.14.5 检测方法:按 GB/T 5009.145、GB/T 19648、GB/T 20769、NY/T 761、SN/T 2158 规定的方法执行。

4.15 多菌灵(carbendazim)

4.15.1 主要用途:杀菌剂。

4.15.2 ADI:0.03 mg/kg bw。

4.15.3 残留物:多菌灵。

4.15.4 最大残留限量:应符合表 15 的规定。

表 15

食品名称	最大残留限量,mg/kg
柑橘	5
西瓜	0.5
韭菜	2

4.15.5 检测方法:按 GB/T 23380、NY/T 1453、NY/T 1680 规定的方法执行。

4.16 噁草酮(oxadiazon)

4.16.1 主要用途:除草剂。

4.16.2 ADI:0.0036 mg/kg bw。

4.16.3 残留物:噁草酮。

4.16.4 最大残留限量:应符合表 16 的规定。

表 16

食品名称	最大残留限量,mg/kg
糙米	0.05
花生	0.1
棉籽	0.1

4.16.5 检测方法:糙米按 GB/T 19649 规定的方法执行;花生、棉籽按 LMBG § 35 规定的方法执行。

4.17 噁霉灵(hymexazol)

4.17.1 主要用途:杀菌剂。

4.17.2 ADI:0.2 mg/kg bw。

4.17.3 残留物:噁霉灵。

4.17.4 最大残留限量:应符合表 17 的规定。

表 17

食品名称	最大残留限量,mg/kg
糙米	0.1**

4.18 二嗪磷(diazinon)

4.18.1 主要用途:杀虫剂。

4.18.2 ADI:0.005 mg/kg bw。

4.18.3 残留物:二嗪磷。

4.18.4 最大残留限量:应符合表 18 的规定。

表 18

食品名称	最大残留限量,mg/kg
花生	0.5

4.18.5 检测方法:按 GB/T 5009.107、GB/T 19649 或参照 NY/T 761 规定的方法执行。

4.19 氟虫腈(fipronil)

4.19.1 主要用途:杀虫剂。

4.19.2 ADI:0.000 2 mg/kg bw。

4.19.3 残留物:氟虫腈母体。

4.19.4 最大残留限量:应符合表 19 的规定。

表 19

食品名称	最大残留限量,mg/kg
结球甘蓝	0.02
糙米	0.02

4.19.5 检测方法:甘蓝按 GB/T 19648、GB/T 20769 规定的方法执行;糙米按 GB/T 19649、SN/T 1982 规定的方法执行。

4.20 氟硅唑(flusilazole)

4.20.1 主要用途:杀菌剂。

4.20.2 ADI:0.007 mg/kg bw。

4.20.3 残留物:氟硅唑。

4.20.4 最大残留限量:应符合表 20 的规定。

表 20

食品名称	最大残留限量,mg/kg
黄瓜	1
刀豆	0.2
葡萄	0.5
香蕉	1

4.20.5 检测方法:按 GB/T 19648、GB/T 20769、SN/T 2236 规定的方法执行。

4.21 氟氯氰菊酯(cyfluthrin)

4.21.1 主要用途:杀虫剂。

4.21.2 ADI:0.04 mg/kg bw。

4.21.3 残留物:氟氯氰菊酯。

4.21.4 最大残留限量:应符合表 21 的规定。

表 21

食品名称	最大残留限量,mg/kg
蘑菇	0.3

4.21.5 检测方法:按 GB/T 19648、NY/T 761 规定的方法执行。

4.22 腐霉利(procymidone)

4.22.1 主要用途:杀菌剂。

4.22.2 ADI:0.1 mg/kg bw。

4.22.3 残留物:腐霉利。

4.22.4 最大残留限量:应符合表 22 的规定。

表 22

食品名称	最大残留限量,mg/kg
番茄	2

4.22.5 检测方法:按 GB/T 19648、NY/T 761 规定的方法执行。

4.23 甲胺磷(methamidophos)

4.23.1 主要用途:杀虫剂。

4.23.2 ADI:0.004 mg/kg bw。

4.23.3 残留物:甲胺磷(乙酰甲胺磷的代谢物)。

4.23.4 最大残留限量:应符合表 23 的规定。

表 23

食品名称	最大残留限量,mg/kg
糙米	0.5

4.23.5 检测方法:按 GB/T 5009.103 规定的方法执行。

4.24 甲基毒死蜱(chlorpyrifos-methyl)

4.24.1 主要用途:杀虫剂。

4.24.2 ADI:0.01mg/kg bw。

4.24.3 残留物:甲基毒死蜱。

4.24.4 最大残留限量:应符合表24的规定。

表24

食品名称	最大残留限量,mg/kg
棉籽	0.02
结球甘蓝	0.1

4.24.5 检测方法:棉籽按GB/T 19649规定的方法执行;甘蓝按GB/T 19648、GB/T 20769、NY/T 761规定的方法执行。

4.25 **甲基硫菌灵(thiophanate-methyl)**

4.25.1 主要用途:杀菌剂。

4.25.2 ADI:0.08 mg/kg bw。

4.25.3 残留物:甲基硫菌灵和多菌灵之和。

4.25.4 最大残留限量:应符合表25的规定。

表25

食品名称	最大残留限量,mg/kg
小麦	0.5
糙米	1

4.25.5 检测方法:按GB/T 20769、NY/T 1680规定的方法执行。

4.26 **甲基异柳磷(isofenphos-methyl)**

4.26.1 主要用途:杀虫剂。

4.26.2 ADI:0.003 mg/kg bw。

4.26.3 残留物:甲基异柳磷。

4.26.4 最大残留限量:应符合表26的规定。

表26

食品名称	最大残留限量,mg/kg
玉米	0.02

4.26.5 检测方法:按GB/T 5009.144或参照NY/T 761规定的方法执行。

4.27 **甲萘威(carbaryl)**

4.27.1 主要用途:杀虫剂。

4.27.2 ADI:0.008 mg/kg bw。

4.27.3 残留物:甲萘威。

4.27.4 最大残留限量:应符合表27的规定。

表27

食品名称	最大残留限量,mg/kg
普通白菜	1***
*** 因膳食暴露评估依据的数据不充分,该限量为临时限量,下同。	

4.27.5 检测方法:按GB/T 5009.21、GB/T 5009.145、GB/T 20769、NY/T 761规定的方法执行。

4.28 **甲氧虫酰肼(methoxyfenozide)**

4.28.1 主要用途:杀虫剂。

4.28.2 ADI:0.1 mg/kg bw。

4.28.3 残留物:甲氧虫酰肼。

4.28.4 最大残留限量:应符合表28的规定。

表28

食品名称	最大残留限量,mg/kg
结球甘蓝	2
苹果	3

4.28.5 检测方法:按GB/T 20769规定的方法执行。

4.29 **腈苯唑(fenbuconazole)**

4.29.1 主要用途:杀菌剂。

4.29.2 ADI:0.03 mg/kg bw。

4.29.3 残留物:腈苯唑。

4.29.4 最大残留限量:应符合表29的规定。

表29

食品名称	最大残留限量,mg/kg
糙米	0.1

4.29.5 检测方法:按GB/T 19648、GB/T 20769规定的方法执行。

4.30 **喹啉铜(oxine-copper)**

4.30.1 主要用途:杀菌剂。

4.30.2 ADI:0.02 mg/kg bw。

4.30.3 残留物:喹啉铜。

4.30.4 最大残留限量:应符合表30的规定。

表30

食品名称	最大残留限量,mg/kg
苹果	2**
黄瓜	2**

4.31 **乐果(dimethoate)**

4.31.1 主要用途:杀虫剂。

4.31.2 ADI:0.002 mg/kg bw。

4.31.3 残留物:乐果。

4.31.4 最大残留限量:应符合表31的规定。

表31

食品名称	最大残留限量,mg/kg
普通白菜	1***
萝卜	0.5***

4.31.5 检测方法:按GB/T 5009.145、GB/T 20769、NY/T 761规定的方法执行。

4.32 **硫丹(endosulfan)**

4.32.1 主要用途:杀虫剂。

4.32.2 ADI:0.006 mg/kg bw。

4.32.3 残留物:α-硫丹和β-硫丹及硫丹硫酸酯的总和。

4.32.4 最大残留限量:应符合表32的规定。

表32

食品名称	最大残留限量,mg/kg
苹果	1
茶叶	20

4.32.5 检测方法:苹果按GB/T 19648、NY/T 761规定的方法执行;茶叶按GB/T 23376规定的方法执行。

4.33 **马拉硫磷(malathion)**

4.33.1 主要用途:杀虫剂。

4.33.2 ADI:0.3 mg/kg bw。

4.33.3 残留物:马拉硫磷。

4.33.4 最大残留限量:应符合表33的规定。

表33

食品名称	最大残留限量,mg/kg
糙米	1
柑橘	2
苹果	2
结球甘蓝	0.5
萝卜	0.5
菠菜	2
菜豆	2
大蒜	0.5

4.33.5 检测方法:糙米按GB/T 5009.145、GB/T 19649规定的方法执行;柑橘、苹果按GB/T 19648、GB/T 20769、NY/T 761规定的方法执行;甘蓝、萝卜、菠菜、菜豆、大蒜按GB/T 5009.145、GB/T 19648、GB/T 20769、NY/T 761规定的方法执行。

4.34 **咪鲜胺(prochloraz)**

4.34.1 主要用途:杀菌剂。

4.34.2 ADI:0.01 mg/kg bw。

4.34.3 残留物:咪鲜胺及其含有2,4,6-三氯苯酚部分的代谢产物之和,以咪鲜胺表示。

4.34.4 最大残留限量:应符合表34的规定。

表34

食品名称	最大残留限量,mg/kg
黄瓜	1

4.34.5 检测方法:按GB/T 19648、GB/T 20769规定的方法执行。

4.35 **嘧菌酯(azoxystrobin)**

4.35.1 主要用途:杀菌剂。

4.35.2 ADI:0.2 mg/kg bw。

4.35.3 残留物:嘧菌酯。

4.35.4 最大残留限量:应符合表 35 的规定。

表 35

食品名称	最大残留限量,mg/kg
黄瓜	0.5
葡萄	5
荔枝	0.5

4.35.5 检测方法:按 GB/T 20769、SN/T 1976 规定的方法执行。

4.36 灭多威(methomyl)

4.36.1 主要用途:杀虫剂。

4.36.2 ADI:0.02 mg/kg bw。

4.36.3 残留物:灭多威。

4.36.4 最大残留限量:应符合表 36 的规定。

表 36

食品名称	最大残留限量,mg/kg
茶叶	3
菜薹	1
结球甘蓝	2

4.36.5 检测方法:茶叶按 LMBG § 35 规定的方法执行;菜薹、甘蓝按 NY/T 761 规定的方法执行。

4.37 灭瘟素(blasticidin-S)

4.37.1 主要用途:杀菌剂。

4.37.2 ADI:0.01 mg/kg bw。

4.37.3 残留物:灭瘟素。

4.37.4 最大残留限量:应符合表 37 的规定。

表 37

食品名称	最大残留限量,mg/kg
糙米	0.1**

4.38 灭锈胺(mepronil)

4.38.1 主要用途:杀菌剂。

4.38.2 ADI:0.05 mg/kg bw。

4.38.3 残留物:灭锈胺。

4.38.4 最大残留限量:应符合表 38 的规定。

表 38

食品名称	最大残留限量,mg/kg
糙米	0.2****
**** 因 ADI 数据为临时数据,该限量为临时限量,下同。	

4.38.5 检测方法:按 GB/T 19649 规定的方法执行。

4.39 嗪草酮(metribuzin)

4.39.1 主要用途:除草剂。

4.39.2 ADI:0.02 mg/kg bw。

4.39.3 残留物:嗪草酮。

4.39.4 最大残留限量:应符合表39的规定。

表39

食品名称	最大残留限量,mg/kg
大豆	0.05
玉米	0.05

4.39.5 检测方法:按GB/T 19649规定的方法执行。

4.40 噻虫嗪(thiamethoxam)

4.40.1 主要用途:杀虫剂。

4.40.2 ADI:0.026 mg/kg bw。

4.40.3 残留物:噻虫嗪。

4.40.4 最大残留限量:应符合表40的规定。

表40

食品名称	最大残留限量,mg/kg
黄瓜	0.5
糙米	0.1

4.40.5 检测方法:黄瓜按GB/T 19648、GB/T 20769规定的方法执行;糙米按GB/T 19649规定的方法执行。

4.41 噻菌灵(thiabendazole)

4.41.1 主要用途:杀菌剂。

4.41.2 ADI:0.1 mg/kg bw。

4.41.3 残留物:噻菌灵。

4.41.4 最大残留限量:应符合表41的规定。

表41

食品名称	最大残留限量,mg/kg
香菇(鲜)	5

4.41.5 检测方法:按GB/T 20769、NY/T 1453、NY/T 1680规定的方法执行。

4.42 噻嗪酮(buprofezin)

4.42.1 主要用途:杀虫剂。

4.42.2 ADI:0.009 mg/kg bw。

4.42.3 残留物:噻嗪酮。

4.42.4 最大残留限量:应符合表42的规定。

表 42

食品名称	最大残留限量,mg/kg
糙米	0.3
柑橘	0.5
茶叶	10

4.42.5 检测方法:糙米按 GB/T 5009.184 规定的方法执行;柑橘按 GB/T 19648、GB/T 20769 规定的方法执行;茶叶按 GB/T 23376 规定的方法执行。

4.43 噻唑磷(fosthiazate)

4.43.1 主要用途:杀线虫剂。

4.43.2 ADI:0.004 mg/kg bw。

4.43.3 残留物:噻唑磷。

4.43.4 最大残留限量:应符合表 43 的规定。

表 43

食品名称	最大残留限量,mg/kg
黄瓜	0.2

4.43.5 检测方法:按 GB/T 20769 规定的方法执行。

4.44 三唑锡(azocyclotin)

4.44.1 主要用途:杀螨剂。

4.44.2 ADI:0.003 mg/kg bw。

4.44.3 残留物:三唑锡。

4.44.4 最大残留限量:应符合表 44 的规定。

表 44

食品名称	最大残留限量,mg/kg
苹果	0.5
柑橘	2

4.44.5 检测方法:按 SN/T 0150、SN/T 1990 规定的方法执行。

4.45 杀螟丹(cartap)

4.45.1 主要用途:杀虫剂。

4.45.2 ADI:0.1 mg/kg bw。

4.45.3 残留物:杀螟丹。

4.45.4 最大残留限量:应符合表 45 的规定。

表 45

食品名称	最大残留限量,mg/kg
茶叶	20****
柑橘	3****
甘蔗	0.1****
大白菜	3****

4.45.5 检测方法：柑橘、白菜按 GB/T 20769 规定的方法执行。

4.46 杀螟硫磷（fenitrothion）

4.46.1 主要用途：杀虫剂。

4.46.2 ADI：0.006 mg/kg bw。

4.46.3 残留物：杀螟硫磷。

4.46.4 最大残留限量：应符合表 46 的规定。

表 46

食品名称	最大残留限量，mg/kg
棉籽	0.1***
结球甘蓝	0.2***

4.46.5 检测方法：甘蓝按 GB/T 19648、NY/T 761、GB/T 20769 规定的方法执行；棉籽按 GB/T 19649 规定的方法执行。

4.47 五氯硝基苯（quintozene）

4.47.1 主要用途：杀菌剂。

4.47.2 ADI：0.01 mg/kg bw。

4.47.3 残留物：五氯硝基苯。

4.47.4 最大残留限量：应符合表 47 的规定。

表 47

食品名称	最大残留限量，mg/kg
西瓜	0.02

4.47.5 检测方法：按 GB/T 19648、NY/T 761 规定的方法执行。

4.48 烯唑醇（diniconazole）

4.48.1 主要用途：杀菌剂。

4.48.2 ADI：0.002 mg/kg bw。

4.48.3 残留物：烯唑醇。

4.48.4 最大残留限量：应符合表 48 的规定。

表 48

食品名称	最大残留限量，mg/kg
梨	0.1

4.48.5 检测方法：按 GB/T 5009.201、GB/T 19648、GB/T 20769 规定的方法执行。

4.49 辛硫磷（phoxim）

4.49.1 主要用途：杀虫剂。

4.49.2 ADI：0.004 mg/kg bw。

4.49.3 残留物：辛硫磷。

4.49.4 最大残留限量：应符合表 49 的规定。

表 49

食品名称	最大残留限量,mg/kg
甘蔗	0.05
大蒜	0.1
菜豆	0.05
结球甘蓝	0.1
普通白菜	0.1
小麦	0.05
玉米	0.05
花生	0.05

4.49.5 检测方法:按 GB/T 5009.102、GB/T 20769、NY/T 761 规定的方法执行。

4.50 氧乐果(omethoate)

4.50.1 主要用途:杀虫剂。

4.50.2 ADI:0.000 3 mg/kg bw。

4.50.3 残留物:氧乐果。

4.50.4 最大残留限量:应符合表 50 的规定。

表 50

食品名称	最大残留限量,mg/kg
大豆	0.05

4.50.5 检测方法:按 LMBG § 35 或参照 NY/T 761 规定的方法执行。

4.51 乙烯利(ethephon)

4.51.1 主要用途:植物生长调节剂。

4.51.2 ADI:0.05 mg/kg bw。

4.51.3 残留物:乙烯利。

4.51.4 最大残留限量:应符合表 51 的规定。

表 51

食品名称	最大残留限量,mg/kg
玉米	0.5

4.51.5 检测方法:NY/T 1016 规定的方法执行。

4.52 乙酰甲胺磷(acephate)

4.52.1 主要用途:杀虫剂。

4.52.2 ADI:0.03 mg/kg bw。

4.52.3 残留物:乙酰甲胺磷。

4.52.4 最大残留限量:应符合表 52 的规定。

表 52

食品名称	最大残留限量,mg/kg
糙米	1

4.52.5 检测方法:按 GB/T 5009.103 或 GB/T 5009.145 规定的方法测定。

4.53 异丙甲草胺(metolachlor)

4.53.1 主要用途:除草剂。

4.53.2 ADI:0.1 mg/kg bw。

4.53.3 残留物:异丙甲草胺。

4.53.4 最大残留限量:应符合表 53 的规定。

表 53

食品名称	最大残留限量,mg/kg
糙米	0.1
玉米	0.1
甘蔗	0.05

4.53.5 检测方法:糙米、玉米按 GB/T 19649 规定的方法执行;甘蔗按 LMBG § 35 规定的方法执行。

4.54 异菌脲(iprodione)

4.54.1 主要用途:杀菌剂。

4.54.2 ADI:0.06 mg/kg bw。

4.54.3 残留物:异菌脲。

4.54.4 最大残留限量:应符合表 54 的规定。

表 54

食品名称	最大残留限量,mg/kg
香蕉	10
油菜籽	2

4.54.5 检测方法:香蕉按 GB/T 19648、NY/T 761 规定的方法执行;油菜籽按 GB/T 19654 规定的方法执行。

农药英文通用名称索引

农药中文通用名称索引

ICS 65.00
B 04

中华人民共和国国家标准

农业部1485号公告—1—2010

转基因植物及其产品成分检测 耐除草剂棉花MON1445及其衍生品种 定性PCR方法

Detection of genetically modified plants and derived products—Qualitative PCR method for herbicide-tolerant cotton MON1445 and its derivates

2010-11-15发布　　2011-01-01实施

中华人民共和国农业部　发布

前　言

本标准按照 GB/T 1.1—2009 给出的规则起草。

本标准由中华人民共和国农业部科技教育司提出。

本标准由全国农业转基因生物安全管理标准化技术委员会(SAC/TC 276)归口。

本标准起草单位:农业部科技发展中心、山东省农业科学院、上海交通大学、中国农业科学院棉花研究所。

本标准主要起草人:孙红炜、宋贵文、路兴波、张大兵、沈平、杨立桃、韩伟、李萌、雒珺瑜。

转基因植物及其产品成分检测
耐除草剂棉花 MON1445 及其衍生品种定性 PCR 方法

1 范围

本标准规定了转基因耐除草剂棉花 MON1445 转化体特异性的定性 PCR 检测方法。

本标准适用于转基因耐除草剂棉花 MON1445 及其衍生品种，以及制品中 MON1445 转化体成分的定性 PCR 检测。

2 规范性引用文件

下列文件对于本文件的应用是必不可少的。凡是注日期的引用文件，仅注日期的版本适用于本文件。凡是不注日期的引用文件，其最新版本(包括所有的修改单)适用于本文件。

GB/T 6682 分析实验室用水规格和试验方法

NY/T 672 转基因植物及其产品检测 通用要求

NY/T 673 转基因植物及其产品检测 抽样

NY/T 674 转基因植物及其产品检测 DNA 提取和纯化

3 术语和定义

下列术语和定义适用于本文件。

3.1

***Sad1* 基因 *Sad1* gene**

编码棉花硬脂酰—酰基载体蛋白脱饱和酶(stearoyl-acyl carrier protein desaturase)的基因。

3.2

MON1445 转化体特异性序列 event-specific sequence of MON1445

转基因耐除草剂棉花 MON1445 的外源插入片段 3′端与棉花基因组的连接区序列，包括 Ori 3′端部分序列和棉花基因组的部分序列。

4 原理

根据转基因耐除草剂棉花 MON1445 转化体特异性序列设计特异性引物，对试样进行 PCR 扩增。依据是否扩增获得预期 99 bp 的特异性 DNA 片段，判断样品中是否含有 MON1445 转化体成分。

5 试剂和材料

除非另有说明，仅使用分析纯试剂和重蒸馏水或符合 GB/T 6682 规定的一级水。

5.1 琼脂糖。

5.2 10 g/L 溴化乙锭溶液：称取 1.0 g 溴化乙锭(EB)，溶于 100 mL 水中，避光保存。

注：溴化乙锭有致癌作用，配制和使用时宜戴一次性手套操作并妥善处理废液。

5.3 10 mol/L 氢氧化钠溶液：在 160 mL 水中加入 80.0 g 氢氧化钠(NaOH)，溶解后再加水定容至200 mL。

5.4 500 mmol/L 乙二铵四乙酸二钠溶液(pH 8.0)：称取 18.6 g 乙二铵四乙酸二钠($EDTA-Na_2$)，加

入 70 mL 水中，再加入适量氢氧化钠溶液(5.3)，加热至完全溶解后，冷却至室温，再用氢氧化钠溶液(5.3)调 pH 至 8.0，加水定容至 100 mL。在 103.4 kPa(121℃)条件下灭菌 20 min。

5.5　1 mol/L 三羟甲基氨基甲烷—盐酸溶液(pH 8.0)：称取 121.1 g 三羟甲基氨基甲烷(Tris)溶解于 800 mL 水中，用盐酸(HCl)调 pH 至 8.0，加水定容至 1 000 mL。在 103.4 kPa(121℃)条件下灭菌 20 min。

5.6　TE 缓冲液(pH 8.0)：分别量取 10 mL 三羟甲基氨基甲烷—盐酸溶液(5.5)和 2 mL 乙二铵四乙酸二钠溶液(5.4)，加水定容至 1 000 mL。在 103.4 kPa(121℃)条件下灭菌 20 min。

5.7　50×TAE 缓冲液：称取 242.2 g 三羟甲基氨基甲烷(Tris)，先用 500 mL 水加热搅拌溶解后，加入 100 mL 乙二铵四乙酸二钠溶液(5.4)，用冰乙酸调 pH 至 8.0，然后加水定容到 1 000 mL。使用时，用水稀释成 1×TAE。

5.8　加样缓冲液：称取 250.0 mg 溴酚蓝，加 10 mL 水，在室温下溶解 12 h；称取 250.0 mg 二甲基苯腈蓝，加 10 mL 水溶解；称取 50.0 g 蔗糖，加 30 mL 水溶解。混合以上三种溶液，加水定容至 100 mL，在 4℃下保存。

5.9　1 mol/L 三羟甲基氨基甲烷—盐酸溶液(pH 7.5)：称取 121.1 g 三羟甲基氨基甲烷(Tris)溶解于 800 mL 水中，用盐酸(HCl)调 pH 至 7.5，加水定容至 1 000 mL。在 103.4 kPa(121℃)条件下灭菌 20 min。

5.10　平衡酚—氯仿—异戊醇溶液(25+24+1)。

5.11　氯仿—异戊醇溶液(24+1)。

5.12　5 mol/L 氯化钠溶液：称取 292.2 g 氯化钠，溶解于 800 mL 水中，加水定容至 1 000 mL，在 103.4 kPa(121℃)条件下灭菌 20 min。

5.13　10 mg/mL RNase A：称取 10 mg 胰 RNA 酶(RNase A)溶解于 987 μL 水中，然后加入 10 μL 三羟甲基氨基甲烷—盐酸溶液(5.9)和 3 μL 氯化钠溶液(5.12)，于 100℃水浴中保温 15 min，缓慢冷却至室温，分装成小份保存于−20℃。

5.14　异丙醇。

5.15　3 mol/L 乙酸钠(pH 5.6)：称取 408.3 g 三水乙酸钠溶解于 800 mL 水中，用冰乙酸调 pH 至 5.6，加水定容至 1 000 mL。在 103.4 kPa(121℃)条件下灭菌 20 min。

5.16　体积分数为 70%的乙醇溶液。

5.17　抽提缓冲液：在 600 mL 水中加入 69.3 g 葡萄糖，20 g 聚乙烯吡咯烷酮(PVP，K30)，1 g 二乙胺基二硫代甲酸钠(DIECA)，充分溶解，然后加入 100 mL 三羟甲基氨基甲烷—盐酸溶液(5.9)，10 mL 乙二铵四乙酸二钠溶液(5.4)，加水定容至 1 000 mL，4℃保存，使用时加入体积分数为 0.2%的 β-巯基乙醇。

5.18　裂解缓冲液：在 600 mL 水中加入 81.7 g 氯化钠，20 g 十六烷基三甲基溴化铵(CTAB)，20 g 聚乙烯吡咯烷酮(PVP，K30)，1 g 二乙胺基二硫代甲酸钠(DIECA)，充分溶解，然后加入 100 mL 三羟甲基氨基甲烷—盐酸溶液(5.9)，4 mL 乙二铵四乙酸二钠溶液(5.4)，加水定容至 1 000 mL，室温保存，使用时加入体积分数为 0.2%的 β-巯基乙醇。

5.19　DNA 分子量标准：可以清楚地区分 50 bp～1 000 bp 的 DNA 片段。

5.20　dNTPs 混合溶液：将浓度为 10 mmol/L 的 dATP、dTTP、dGTP、dCTP 四种脱氧核糖核苷酸溶液等体积混合。

5.21　Taq DNA 聚合酶及 PCR 反应缓冲液。

5.22　植物 DNA 提取试剂盒。

5.23　引物。

5.23.1　***Sad1*** **基因**

Sad1 - F：5′- CCAAAGGAGGTGCCTGTTCA - 3′

Sad1 - R：5′- TTGAGGTGAGTCAGAATGTTGTTC - 3′

预期扩增片段大小为 107 bp。

5.23.2 MON1445 转化体特异性序列

MON1445 - F：5′- AATGCTGGATTTTCTGCCTGTG - 3′

MON1445 - R：5′- TCCAAAAGTCATGCATCATTTCTCA - 3′

预期扩增片段大小为 99 bp。

5.24 引物溶液：用 TE 缓冲液(5.6)分别将上述引物稀释到 10 μmol/L。

5.25 石蜡油。

5.26 PCR 产物回收试剂盒。

6 仪器

6.1 分析天平：感量 0.1 g 和 0.1 mg。

6.2 PCR 扩增仪：升降温速度＞1.5℃/s，孔间温度差异＜1.0℃。

6.3 电泳槽、电泳仪等电泳装置。

6.4 紫外透射仪。

6.5 凝胶成像系统或照相系统。

6.6 重蒸馏水发生器或超纯水仪。

6.7 其他相关仪器和设备。

7 操作步骤

7.1 抽样

按 NY/T 672 和 NY/T 673 的规定执行。

7.2 制样

按 NY/T 672 和 NY/T 673 的规定执行。

7.3 试样预处理

按 NY/T 674 的规定执行。

7.4 DNA 模板制备

按 NY/T 674 的规定执行，或使用经验证适用于棉花 DNA 提取与纯化的植物 DNA 提取试剂盒，或按下述方法执行。DNA 模板制备时设置不加任何试样的空白对照。

称取 200 mg 经预处理的试样，在液氮中充分研磨后装入液氮预冷的 1.5 mL 或 2 mL 离心管中(不需研磨的试样直接加入)。加入 1 mL 预冷至 4℃的抽提缓冲液，剧烈摇动混匀后，在冰上静置 5 min，4℃条件下 10 000 g 离心 15 min，弃上清液。加入 600 μL 预热到 65℃的裂解缓冲液，充分重悬沉淀，在 65℃恒温保持 40 min，期间颠倒混匀 5 次。10 000 g 离心 10 min，取上清液转至另一新离心管中。加入 5 μL RNase A，37℃恒温保持 30 min。分别用等体积平衡酚—氯仿—异戊醇溶液和氯仿—异戊醇溶液各抽提一次。10 000 g 离心 10 min，取上清液转至另一新离心管中。加入 2/3 体积异丙醇，1/10 体积乙酸钠溶液，−20℃放置 2 h～3 h。在 4℃条件下，10 000 g 离心 15 min，弃上清液，用 70%乙醇溶液洗涤沉淀一次，倒出乙醇溶液，晾干沉淀。加入 50 μL TE 缓冲液溶解沉淀，所得溶液即为样品 DNA 溶液。

7.5 PCR 反应

7.5.1 试样 PCR 反应

7.5.1.1 每个试样 PCR 反应设置 3 次重复。

7.5.1.2 在 PCR 反应管中按表 1 依次加入反应试剂，混匀，再加 25 μL 石蜡油（有热盖设备的 PCR 仪可不加）。

表 1 PCR 检测反应体系

试 剂	终浓度	体 积
水		—
10×PCR 缓冲液	1×	2.5 μL
25 mmol/L 氯化镁溶液	2.5 mmol/L	2.5 μL
dNTPs 混合溶液（各 2.5 mmol/L）	各 0.2 mmol/L	2 μL
10 μmol/L 上游引物	0.4 μmol/L	1 μL
10 μmol/L 下游引物	0.4 μmol/L	1 μL
Taq 酶	0.05 U/μL	—
25 mg/L DNA 模板	2 mg/L	2.0 μL
总体积		25.0 μL

注 1：根据 Taq 酶的浓度确定其体积，并相应调整水的体积，使反应体系总体积达到 25.0 μL。如果 PCR 缓冲液中含有氯化镁，则不加氯化镁溶液，加等体积水。

注 2：棉花内标准基因 PCR 检测反应体系中，上、下游引物分别为 Sad1 - F 和 Sad1 - R；MON1445 转化体 PCR 检测反应体系中，上、下游引物分别为 MON1445 - F 和 MON1445 - R。

7.5.1.3 将 PCR 管放在离心机上，500 g～3 000 g 离心 10 s，然后取出 PCR 管，放入 PCR 仪中。

7.5.1.4 进行 PCR 反应。反应程序为：95℃变性 5 min；95℃变性 30 s，58℃退火 30 s，72℃延伸 30 s，共进行 35 次循环；72℃延伸 7 min。

7.5.1.5 反应结束后取出 PCR 管，对 PCR 反应产物进行电泳检测。

7.5.2 对照 PCR 反应

在试样 PCR 反应的同时，应设置阴性对照、阳性对照和空白对照。

以非转基因棉花材料提取的 DNA 作为阴性对照；以转基因棉花 MON1445 质量分数为 0.1%～1.0%的棉花 DNA 作为阳性对照；以水作为空白对照。

各对照 PCR 反应体系中，除模板外，其余组分及 PCR 反应条件与 7.5.1 相同。

7.6 PCR 产物电泳检测

按 20 g/L 的质量浓度称取琼脂糖，加入 1×TAE 缓冲液中，加热溶解，配制成琼脂糖溶液。每 100 mL琼脂糖溶液中加入 5 μL EB 溶液，混匀，稍适冷却后，将其倒入电泳板上，插上梳板，室温下凝固成凝胶后，放入 1×TAE 缓冲液中，垂直向上轻轻拔去梳板。取 12 μL PCR 产物与 3 μL 加样缓冲液混合后加入凝胶点样孔中，同时在其中一个点样孔中加入 DNA 分子量标准，接通电源在 2 V/cm～5 V/cm条件下电泳检测。

7.7 凝胶成像分析

电泳结束后，取出琼脂糖凝胶，置于凝胶成像仪或紫外透射仪上成像。根据 DNA 分子量标准估计扩增条带的大小，将电泳结果形成电子文件存档或用照相系统拍照。如需通过序列分析确认 PCR 扩增片段是否为目的 DNA 片段，按照 7.8 和 7.9 的规定执行。

7.8 PCR 产物回收

按 PCR 产物回收试剂盒说明书，回收 PCR 扩增的 DNA 片段。

7.9 PCR 产物测序验证

将回收的 PCR 产物克隆测序，与耐除草剂棉花 MON1445 转化体特异性序列（参见附录 A）进行比对，确定 PCR 扩增的 DNA 片段是否为目的 DNA 片段。

8 结果分析与表述

8.1 对照检测结果分析

阳性对照 PCR 反应中，*Sad1* 内标准基因和 MON1445 转化体特异性序列均得到扩增，且扩增片段大小与预期片段大小一致，而阴性对照中仅扩增出 *Sad1* 基因片段，空白对照中没有任何扩增片段，表明 PCR 反应体系正常工作，否则重新检测。

8.2 样品检测结果分析和表述

8.2.1 *Sad1* 内标准基因和 MON1445 转化体特异性序列均得到扩增，且扩增片段大小与预期片段大小一致，表明样品中检测出转基因耐除草剂棉花 MON1445 转化体成分，表述为"样品中检测出转基因耐除草剂棉花 MON1445 转化体成分，检测结果为阳性"。

8.2.2 *Sad1* 内标准基因片段得到扩增，且扩增片段大小与预期片段大小一致，而 MON1445 转化体特异性序列未得到扩增，或扩增片段大小与预期片段大小不一致，表明样品中未检测出转基因耐除草剂棉花 MON1445 转化体成分，表述为"样品中未检测出转基因耐除草剂棉花 MON1445 转化体成分，检测结果为阴性"。

8.2.3 *Sad1* 内标准基因片段未得到扩增或扩增片段大小与预期片段大小不一致，表明样品中未检测出棉花成分，表述为"样品中未检测出棉花成分，检测结果为阴性"。

附 录 A
(资料性附录)
耐除草剂棉花 MON1445 转化体特异性序列

1 AATGCTGGAT TTTCTGCCTG TGGACAGCCC CTCAAATGTC AATAGGTGCG
51 CCCCTCAAAT GTCAATAGCT TGGCTGAGAA ATGATGCATG ACTTTTGGA

注:划线部分为耐除草剂棉花 MON1445 转化体特异性引物序列。

ICS 65.020.01
B 04

中华人民共和国国家标准

农业部1485号公告—2—2010

转基因微生物及其产品成分检测 猪伪狂犬 $TK^-/gE^-/gI^-$毒株（SA215株）及其产品定性PCR方法

Detection of genetically modified microorganisms and derived products—Qualitative PCR method for $TK^-/gE^-/gI^-$ deleted porcine pseudorabies virus(SA215 strain) and its derived products

2010-11-15发布 2011-01-01实施

中华人民共和国农业部 发布

前　　言

本标准按照 GB/T 1.1—2009 给出的规则起草。

本标准由中华人民共和国农业部科技教育司提出。

本标准由全国农业转基因生物安全管理标准化技术委员会(SAC/TC 276)归口。

本标准起草单位:农业部科技发展中心、中国兽医药品监察所、四川农业大学。

本标准主要起草人:沈青春、段武德、宁宜宝、郭万柱、李飞武、刘信。

转基因微生物及其产品成分检测
猪伪狂犬 TK^-/gE^-/gI^-毒株(SA215 株)及其产品定性 PCR 方法

1 范围

本标准规定了猪伪狂犬 TK^-/gE^-/gI^-毒株(SA215 株)及其产品的定性 PCR 检测方法。

本标准适用于猪伪狂犬疫苗中 TK^-/gE^-/gI^-毒株(SA215 株)的检测。

2 规范性引用文件

下列文件对于本文件的应用是必不可少的。凡是注日期的引用文件，仅注日期的版本适用于本文件。凡是不注日期的引用文件，其最新版本(包括所有的修改单)适用于本文件。

GB 2828 计数抽样检验程序

GB/T 6682 分析实验室用水规格和试验方法

3 术语和定义

下列术语和定义适用于本文件。

3.1

野毒株 wild strain

从田间自然感染动物或动物尸体内分离的病毒毒株。

3.2

亲本毒株 parental strain

某病毒毒株经物理、化学或基因工程方式改造而得到了具有新的病毒学特性的新毒株，则该毒株为新毒株的亲本毒株。

3.3

TK 基因 thymidine kinase gene

编码猪伪狂犬病毒胸苷激酶的基因。

3.4

gE 基因 envelope glycoprotein E gene

编码猪伪狂犬病毒囊膜糖蛋白 E 的基因。

3.5

gI 基因 envelope glycoprotein I gene

编码猪伪狂犬病毒囊膜糖蛋白 I 的基因。

4 原理

根据猪伪狂犬疫苗毒株 SA215 与其亲本毒株之间的两处序列(包含 TK、gE 和 gI 三个基因)上的差异，设计三对引物进行 PCR 扩增，通过比较扩增条带的差异，确定猪伪狂犬疫苗中是否含有 SA215 株，参见附录 A。

5 试剂和材料

除非另有说明，仅使用分析纯试剂和重蒸馏水或符合 GB/T 6682 规定的一级水。

5.1　无水乙醇。

5.2　氯仿。

5.3　异戊醇。

5.4　Tris 平衡酚(pH 8.0)。

5.5　平衡酚—氯仿—异戊醇溶液(25＋24＋1)。

5.6　体积分数为 70%的乙醇溶液。

5.7　琼脂糖。

5.8　10 g/L 溴化乙锭溶液:称取 1.0 g 溴化乙锭(EB),溶于 100 mL 水中,避光保存。

注:溴化乙锭有致癌作用,配制和使用时宜戴一次性手套操作并妥善处理废液。

5.9　10 mol/L 氢氧化钠溶液:在 160 mL 水中加入 80.0 g 氢氧化钠(NaOH),溶解后再加水定容至 200 mL。

5.10　1 mol/L 三羟甲基氨基甲烷—盐酸溶液(pH 8.0):称取 121.1 g 三羟甲基氨基甲烷(Tris)溶解于 800 mL 水中,用盐酸调 pH 至 8.0,加水定容至 1 000 mL,在 103.4 kPa(121℃)条件下灭菌 20 min。

5.11　500 mmol/L 乙二胺四乙酸二钠溶液(pH 8.0):称取 18.6 g 乙二胺四乙酸二钠($EDTA-Na_2$),加入 70 mL 水中,再加入适量氢氧化钠溶液(5.9),加热至完全溶解后,冷却至室温,用氢氧化钠溶液(5.9)调 pH 至 8.0,加水定容至 100 mL。在 103.4 kPa(121℃)条件下灭菌 20 min。

5.12　TE 缓冲液(pH 8.0):分别量取 10 mL 三羟甲基氨基甲烷—盐酸溶液(5.10)和 2 mL 乙二铵四乙酸二钠溶液(5.11),加水定容至 1 000 mL。在 103.4 kPa(121℃)条件下灭菌 20 min。

5.13　50×TAE 缓冲液:称取 242.2 g 三羟甲基氨基甲烷(Tris),先用 300 mL 水加热搅拌溶解后,加入 100 mL 乙二铵四乙酸二钠溶液(5.11),用冰乙酸调 pH 至 8.0,然后加水定容到 1 000 mL。使用时用水稀释成 1×TAE。

5.14　加样缓冲液:称取 250.0 mg 溴酚蓝,加 10 mL 水,在室温下溶解 12 h;称取 250.0 mg 二甲基苯腈蓝,用 10 mL 水溶解;称取 50.0 g 蔗糖,用 30 mL 水溶解。混合以上三种溶液,加水定容至 100 mL,在 4℃下保存。

5.15　病毒 DNA 提取试剂盒。

5.16　引物序列:见表 1。

5.17　Taq DNA 聚合酶及 PCR 反应缓冲液:适用于高 GC 含量的 DNA 片段扩增。

5.18　DNA 分子量标准:可以清楚地区分 200 bp～3 000 bp 的 DNA 片段。

5.19　dNTPs 混合溶液:将浓度为 10 mmol/L 的 dATP、dTTP、dGTP、dCTP 四种脱氧核糖核苷酸溶液等体积混合。

5.20　引物溶液:用 TE 缓冲液(5.12)分别将上述引物稀释到 10 μmol/L。

5.21　石蜡油。

5.22　PCR 产物回收试剂盒。

表 1　PCR 引物序列及目的片段长度

引物名称	引物序列	扩增产物预期片段大小,bp		目的基因名称
		猪伪狂犬 SA215 的亲本毒株和野毒株	猪伪狂犬 SA215 株	
TK-F	5′-CATCCTCCGGATCTACCTCGACGGC-3′	957	681	TK
TK-R	5′-CACACCCCCATCTCCGACGTGAAGG-3′			
gIE-F	5′-CCCTGGACGCGAACGGCACGAT-3′	2 948	296	gI、gE
gIE-R	5′-CTCCGAGGAGCGCAGCACCACGTGTT-3′			
gIME-F	5′-CATGGTGCTGGGGCCCACGATCGTC-3′	531	—	gI、gE
gIME-R	5′-CGTTGAGGTCGCCGTCGAGGTCAT-3′			

6 仪器和设备

6.1 分析天平:感量 0.1 g 和 0.1 mg。

6.2 重蒸馏水发生器或超纯水仪。

6.3 PCR 扩增仪:升降温速度>1.5℃/s,孔间温度差异<1.0℃。

6.4 电泳槽、电泳仪等电泳装置。

6.5 紫外透射仪。

6.6 凝胶成像系统或照相系统。

6.7 其他相关仪器和设备。

7 操作步骤

7.1 抽样

按 GB 2828 的规定执行。

7.2 DNA 模板制备

7.2.1 采用下述方法,或经验证适用于病毒 DNA 提取的试剂盒方法

取 1.0 mL 疫苗样品稀释物或细胞培养液置于 2.5 mL 离心管中,反复冻融三次后,4℃下 12 000 g 离心 5 min,取上清液,加入 0.5 mL Tris 平衡酚,颠倒震摇 2 min,4℃下 8 000 g 离心 2 min,取上清液,加入 0.5 mL 平衡酚—氯仿—异戊醇溶液,颠倒震摇 2 min,4℃下 12 000 g 离心 5 min,取上清液,加入等体积的异丙醇混匀,置于−20℃沉淀 1 h,4℃下 12 000 g 离心 10 min,弃上清,加入 1.0 mL 70%乙醇溶液洗涤一次后晾干,加入 50 μL TE 缓冲液溶解 DNA,置于−20℃冻存。

7.2.2 DNA 溶液纯度测定和保存

将 DNA 适当稀释或浓缩,使其 OD_{260} 值应在 0.1~0.8 的区间内,测定并记录其在 260 nm 和 280 nm的吸光度。以 1 个 OD_{260} 值相当于 50 mg/L DNA 浓度来计算纯化 DNA 的浓度,DNA 溶液的 OD_{260}/OD_{280} 值应在 1.7~2.0 之间。依据测得的浓度将 DNA 溶液稀释到 25 mg/L,−20℃保存备用。

7.3 PCR 反应

7.3.1 试样 PCR 反应

7.3.1.1 每个试样 PCR 反应设置 3 次重复。

7.3.1.2 在 PCR 反应管中按表 2 依次加入反应试剂,混匀,再加 25 μL 石蜡油(有热盖设备的 PCR 仪可不加)。

表 2 PCR 反应体系

试 剂	终浓度	体 积
水		—
PCR 缓冲液	1×	—
25 mmol/L 氯化镁溶液	2.5 mmol/L	2.5 μL
dNTPs 混合溶液(各 2.5 mmol/L)	各 0.2 mmol/L	2 μL
10 μmol/L 上游引物	0.8 μmol/L	2 μL
10 μmol/L 下游引物	0.8 μmol/L	2 μL
Taq 酶	0.05 U/μL	—
25 mg/L DNA 模板	2 mg/L	2.0 μL
总体积		25.0 μL

注:根据 Taq 酶的浓度和 PCR 缓冲液的倍数分别确定其体积,相应调整水的体积,使反应体系总体积达到 25.0 μL。如果 PCR 缓冲液中含有氯化镁,则不加氯化镁溶液,加等体积水。

7.3.1.3 将 PCR 管放在台式离心机上，500 g～3 000 g 离心 10 s，然后取出 PCR 管，放入 PCR 仪中，设定热盖温度为 99℃。

7.3.1.4 进行 PCR 反应。引物 TK-F/R 和 gIME-F/R 反应程序为：95℃预变性 5 min；94℃变性 40 s，68.5℃退火 40 s，72.0℃延伸 55 s，共进行 35 个循环；72℃延伸 5 min。引物 gIE-F/R 反应程序为：95℃预变性 5 min；94.0℃变性 30 s，67.0℃退火 30 s，72.0℃延伸 30 s，共进行 35 个循环，72℃延伸5 min。

7.3.1.5 反应结束后取出 PCR 管，对 PCR 反应产物进行电泳检测。

7.3.2 对照 PCR 反应

在试样 PCR 反应的同时，应设置阴性对照、阳性对照和空白对照。

以猪伪狂犬 SA215 株的亲代 Fa 株 SPF 鸡成纤维细胞毒（蚀斑数≥10^4 PFU/mL）冻干制品提取的 DNA 作为阴性对照；以猪伪狂犬 SA215 株 SPF 鸡成纤维细胞毒（蚀斑数≥10^4 PFU/mL）冻干制品提取的 DNA 作为阳性对照；以 SPF 鸡成纤维细胞培养物制备成冻干制品作为空白对照。

各对照 PCR 反应体系中，除模板外，其余组分及 PCR 反应条件与 7.3.1 相同。

7.4 PCR 产物电泳检测

按 10 g/L 的质量浓度称取琼脂糖，加入 1×TAE 缓冲液中，加热溶解，配制成琼脂糖溶液。每 100 mL琼脂糖溶液中加入 5 μL EB 溶液，混匀，适当冷却后，将其倒入电泳板上，插上梳板，室温下凝固成凝胶后，放入 1×TAE 缓冲液中，垂直向上轻轻拔去梳板。取 12 μL PCR 产物与 3 μL 加样缓冲液混合后加入点样孔中，同时在其中一个点样孔中加入 DNA 分子量标准，接通电源在 2 V/cm～5 V/cm 条件下电泳检测。

7.5 凝胶成像分析

电泳结束后，取出琼脂糖凝胶，置于凝胶成像仪或紫外透射仪上成像。根据 DNA 分子量标准估计扩增条带的大小，将电泳结果形成电子文件存档或用照相系统拍照。如需通过序列分析确认 PCR 扩增片段是否为目的 DNA 片段，按照 7.6 和 7.7 的规定执行。

7.6 PCR 产物回收

按 PCR 产物回收试剂盒说明书，回收 PCR 扩增的 DNA 片段。

7.7 PCR 产物测序验证

将回收的 PCR 产物克隆测序，与猪伪狂犬病毒 SA215 株相应序列（参见附录 B）进行比对，确定 PCR 扩增的 DNA 片段是否为目的 DNA 片段。

8 结果分析与表述

8.1 对照检测结果分析

阳性对照 PCR 反应中，TK-F/R 和 gIE-F/R 分别扩增出 681 bp 和 296 bp 的片段，gIME-F/R 引物没有扩增片段，阴性对照中 TK-F/R 扩增出 957 bp 片段，gIME-F/R 扩增出 531 bp 片段；空白对照三对引物均没有任何扩增片段，表明 PCR 反应体系正常工作，否则需重新检测。

8.2 样品检测结果分析和表述

8.2.1 TK-F/R 引物扩增出 681 bp 的条带，gIE-F/R 引物扩增出 296 bp 的条带，表明样品中检测出猪伪狂犬病毒 SA215 株，检测结果为阳性。

8.2.2 TK-F/R 引物未扩增出 681 bp 的条带，gIE-F/R 引物未扩增出 296 bp 的条带，表明样品中未检测出猪伪狂犬病毒 SA215 株，检测结果为阴性。

8.2.3 TK-F/R 引物扩增出 957 bp 的条带，gIME-F/R 引物扩增出 531 bp 条带，表明样品中检测出猪伪狂犬 SA215 的亲本毒株或野毒株。

附 录 A
（资料性附录）
猪伪狂犬病毒 SA215 株和其亲本毒株基因结构及检测引物所在位置示意图

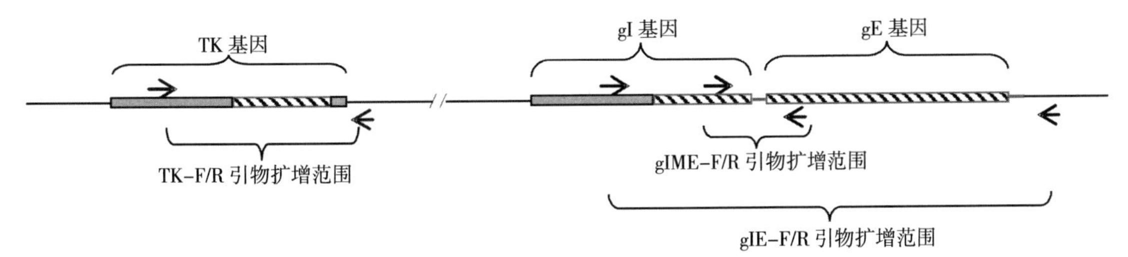

注："▨"部分为猪伪狂犬病毒 SA215 株不具有而其亲本毒株和野毒株具有的序列，即缺失部分的序列，SA215 株在 TK 基因处的缺失长度为 276 bp，而在 gI 和 gE 基因处缺失长度为 2 652 bp。

附 录 B
（资料性附录）
猪伪狂犬病毒 SA215 株缺失部分核苷酸序列及其在亲本毒株 Fa 株的相应序列

B.1 TK 基因缺失处的核苷酸序列

1 GGATCCCCGC CCGGAAGCGC GCCGGGATGC GCATCCTCCG GATCTACCTC GACGGCGCCT
61 ACGGCACCGG CAAGAGCACC ACTGCCCGGG TGATGGCGCT CGGCGGGGCG CTGTACGTGC
121 CCGAGCCGAT GGCGTACTGG CGCACTCTGT TCGACACGGA CACGGTGGCC GGTATTTACG
181 ATGCGCAGAC CCGGAAGCAG AACGGCAGCC TGAGCGAGGA GGACGCGGCC CTCGTCACGG
241 CGCAGCACCA GGCCGCCTTC GCGACGCCGT ACCTGCTGCT GCACACGCGC CTGGTCCCGC
301 TCTTCGGGCC CGCGGTCGAG GGCCCGCCCG AGATGACGGT CGTCTTTGAC CGCCACCCGG
361 TGGCCGCGAC GGTGTGCTTC CCGCTGGCGC GCTTCATCGT CGGGGACATC AGCGCGGCGG
421 CCTTCGTGGG CCTGGCGGCC ACGCTGCCCG GGGAGCCCCC CGGCGGCAAC CTGGTGGTGG
481 CCTCGCTGGA CCCGGACGAG CACCTGCGGC GCCTGCGCGC CCGCGCGCGC GCCGGGGAGC
541 ACGTGGACGC GCGCCTGCTC ACGGCCCTGC GCAACGTCTA CGCCATGCTG GTCAACACGT
601 CGCGCTACCT GAGCTCGGGG CGCCGCTGGC GCGACGACTG GGGGCGCGCG CCGCGCTTCG
661 ACCAGACCGT GCGCGACTGC CTCGCGCTCA ACGAGCTCTG CCGCCCGCGC GACGACCCCG
721 AGCTCCAGGA CACCCTCTTC GGCGCGTACA AGGCGCCCGA GCTCTGCGAC CGGCGCGGGC
781 GCCCGCTCGA GGTGCACGCG TGGGCGATGG ACGCGCTCGT GGCCAAGCTG CTGCCGCTGC
841 GCGTCTCCAC CGTCGACCTG GGGCCCTCGC CGCGCGTCTG CGCCGCGGCC GTGGCGGCGC
901 AGACGCGCGG CATGGAGGTG ACGGAGTCCG CGTACGGCGA CCACATCCGG CAGTGCGTGT
961 GCGCCTTCAC GTCGGAGATG GGGGTGTGAC CCTCGCCCCT CCCACCCGCG CCGCGGCCAG
1021 ATGGAGACCGCGACGGAGGCAACGACGACGGCGTGGGAGG GGGCTCGGGG CGCGTATAAA
1081 GCTATGTGTA TGTCATCCCA ATAAAGTTTG CCGTGCCCGT CACCATGCCC GCGTCGTCCG
1141 TGCGCCTCCC GCTGCGCCTC CTGACCCTCG CGGGCCTCCT GGCCCTCGCG GGGGCCGCCG
1201 CCCTCGCCCG CGGCGCGCCG CAGGGTGGGC CGCCCT

注：单下划线为 TK－F/R 引物所在位置；

□部分的序列为猪伪狂犬病毒 SA215 株缺失部分的序列。

B.2 gI 和 gE 基因缺失处的核苷酸序列

1 ATGATGATGG TGGCGCGCGA CGTGACCCGG CTCCCCGCGG GGCTCCTCCT CGCCGCCCTG
61 ACCCTGGCCG CCCTGACCCC GCGCGTCGGG GGCGTCCTCT TCAGGGGCGC CGGCGTCAGC
121 GTGCACGTCG CCGGCAGCGC CGTCCTCGTG CCCGGCGACG CGCCCAACCT GACGATCGAC
181 GGGACGCTGC TGTTTCTGGA GGGGCCCTCG CCGAGCAACT ACAGCGGGCG CGTGGAGCTG
241 CTGCGCCTCG ACCCCAAGCG CGCCTGCTAC ACGCGCGAGT ACGCCGCCGA GTACGACCTC
301 TGCCCCCGCG TGCACCACGA GGCCTTCCGC GGCTGTCTGC GCAAGCGCGA GCCGCTCGCC
361 CGGCGCGCGT CCGCCGCGGT GGAGGCGCGC CGGCTGCTGT TCGTCTCGCG CCCGGCCCCG
421 CCGGACGCGG GGTCGTACGT GCTGCGGGTC CGCGTGAACG GGACCACGGA CCTCTTTGTG
481 CTGACGGCCC TGGTGCCGCC CAGGGGGCGC CCCCACCACC CCACGCCGTC GTCCGCGGAC

541 GAGTGCCGGC CCGTCGTCGG ATCGTGGCAC GACAGCCTGC GCGTCGTGGA CCCCGCCGAG
601 GACGCCGTGT TCACCACGCC GCCCCCGATC GAGCCAGAGC CGCCGACGAC CCCCGCGCCC
661 CCCCGGGGGACCGGCGCCACCCCCGAGCCC CGCTCCGACG AAGAGGAGGA GGACGAGGAG
721 GGGGCGACGA CGGCGATGAC CCCGGTGCCC GGGACCCTGG ACGCGAACGG CACGATGGTG
781 CTGAACGCCA GCGTCGTGTC GCGCGTCCTG CTCGCCGCCG CCAACGCCAC GGCGGGCGCC
841 CGGGGCCCCG GGAAGATAGC CATGGTGCTG GGGCCCACGA TCGTCGTCCT CCTGATCTTC
901 TTGGGCGGGG TCGCCTGCGC GGCCCGGCGC TGCGCGCGGA ATCGCATCTA CCGGCCGCGA
961 CCCGGGCGCG GCCCGGCGGT CCACGCGCCG CCCCCGCGGC GCCCGCCCCC CAGCCCCGTC
1021 GCCGGGGCGC CCGTCCCCCA GCCCAAGATG ACGTTGGCCG AGCTTCGCCA GAAGCTGGCC
1081 ACCATCGCAG AGGAACAATA AAAAGGTGGT GTTTGCATAA TTTTGTGGGT GGCGTTTTAT
1141 CTCCGTCCGC GCCGTTTTAA ACCTGGGCAC CCCCGCGAGT CTCGCACACA CCGGGGTTGA
1201 GACCATGCGG CCCTTTCTGC TGCGCGCCGC GCAGCTCCTG GCGCTGCTGG CCCTGGCGCT
1261 CTCCACCGAG GCCCCGAGCC TCTCCGCCGA GACGACCCCG GGCCCCGTCA CCGAGGTCCC
1321 GAGTCCCTCGGCCGAGGTCT GGGACCTCTC CACCGAGGCC GGCGACGATG ACCTCGACGG
1381 CGACCTCAACGGCGACGACC GCCGCGCGGG CTTCGGCTCG GCCCTCGCCT CCCTGAGGGA
1441 GGCACCCCCG GCCCATCTGG TGAACGTGTC CGAGGGCGCC AACTTCACCC TCGACGCGCG
1501 CGGCGACGGC GCCGTGGTGGCCGGGATCTG GACGTTCCTG CCCGTCCGCG GCTGCGACGC
1561 CGTGGCGGTG ACCATGGTGT GCTTCGAGAC CGCCTGCCAC CCGGACCTGG TGCTGGGCCG
1621 CGCCTGCGTC CCCGAGGCCCCGGAGCGGGG CATCGGCGAC TACCTGCCGC CCGAGGTGCC
1681 GCGGCTCCAG CGCGAGCCGC CCATCGTCAC CCCGGAGCGG TGGTCGCCGC ACCTGACCGT
1741 CCGGCGGGCC ACGCCCAACGACACGGGCCTCTACACGCTG CACGACGCCT CGGGGCCGCG
1801 GGCCGTGTTC TTTGTGGCGG TGGGCGACCG GCCGCCCGCG CCGCTGGCCC CGGTGGGCCC
1861 CGCGCGCCAC GAGCCCCGCT TCCACGCGCT CGGCTTCCAC TCGCAGCTCT TCTCGCCCGG
1921 GGACACGTTC GACCTGATGC CGCGCGTGGT CTCGGACATG GGCGACTCGC GCGAGAACTT
1981 CACCGCCACG CTGGACTGGT ACTACGCGCG CGCGCCCCCG CGGTGCCTGC TGTACTACGT
2041 GTACGAGCCC TGCATCTACC ACCCGCGCGC GCCCGAGTGC CTGCGCCCGG TGGACCCGGC
2101 GTGCAGCTTC ACCTCGCCGG CGCGCGCGCG GCTGGTGGCG CGCCGCGCGT ACGCCTCGTG
2161 CAGCCCGCTG CTCGGGGACC GGTGGCTGAC CGCCTGCCCC TTCGACGCCT TCGGCGAGGA
2221 GGTGCACACG AACGCCACCGCGGACGAGTC GGGGCTGTAC GTGCTCGTGA TGACCCACAA
2281 CGGCCACGTC GCCACCTGGG ACTACACGCT CGTCGCCACC GCGGCCGAGT ACGTCACGGT
2341 CATCAAGGAGCTGACGGCCCCGGCCCGGGC CCCGGGCACC CCGTGGGGCC CCGGCGGCGG
2401 CGACGACGCGATCTACGTGGACGGCGTCAC GACGCCGGCG CCGCCCGCGC GCCCGTGGAA
2461 CCCGTACGGC CGGACGACGC CCGGGCGGCT GTTTGTGCTG GCGCTGGGCT CCTTCGTGAT
2521 GACGTGCGTC GTCGGGGGGG CCGTCTGGCT CTGCGTGCTG TGCTCCCGCC GCCGGGCGGC
2581 CTCGCGGCCG TTCCGGGTGC CGACGCGGGC GGGGACGCGC ATGCTCTCGC CGGTGTACAC
2641 CAGCCTGCCCACGCACGAGGACTACTACGACGGCGACGAC GACGACGAGG AGGCGGGCGA
2701 CGCCCGCCGGCGGCCCTCCT CCCCCGGCGG GGACAGCGGC TACGAGGGGC CGTACGTGAG
2761 CCTGGACGCCGAGGACGAGTTCAGCAGCGACGAGGACGAC GGGCTGTACG TGCGCCCCGA
2821 GGAGGCGCCC CGCTCCGGCTTCGACGTCTG GTTCCGCGAT CCGGAGAAAC CGGAAGTGAC
2881 GAATGGGCCC AACTATGGCG TGACCGCCAG CCGCCTGTTG AATGCCCGCC CCGCTTAAAT
2941 ACCGGGAGAA CCGGCCCGCC CGCATTCCGA CATGCCCGCC GCCGCCCCCG CCGACATGGA
3001 CACGTTCGAC CCCAGCGCCC CCGTCCCGAC GAGCGTCTCT AACCCGGCCG CCGACGTCCT
3061 GCTGGCCCCC AAGGGACCCC GCTCCCCGCT GCGCCCCCAG GACGACTCGG ACTGCTACTA

3121 CAGCGAGAGCGACAACGAGACGCCCAGCGAGTTCCTGCGCCGCGTGGGAC GCCGGCAGGC
3181 GGCGCGCCGG AGACGCCGCC GCTGCCTGAT GGGCGTCGCG ATCAGCGCCG CCGCGCTGGT
3241 CATCTGCTCG CTGTCGGCGC TGATCGGGGG CATCATCGCC CGGCACGTGT AGCGAGCGGG
3301 TGGTGGCCGCCCGCCCCGCCGCGCCCAGGAGGGGGGGTCCGGGGGGGCGA AGCGGGCGGA
3361 GGAGAGCGAG CCACGTGGTT GTGGGCTCGG ACTTGTCACA ATAAATGGGC CCCGGCGCAC
3421 CCGGGCGCAC ACAGCAGCCT TCCTCGTCTC CGCGTCTCTG CTGTTCCTCT CGTCGGTCTT
3481 CTCCCACTCC GCCGTCGCGA ACGCGCTCGC GCCATGGGGG TGACGGCCAT CACCGTGGTC
3541 ACGCTGATGG ACGGGTCCGG GCGCATCCCC GCCTTCGTGG GCGAGGCGCA CCCGGACCTG
3601 TGGAAGGTGC TCACCGAGTG GTGCTACGCG TCGCTGGTGC AGCAGCGGCG GCCGCCGAC
3661 GAGGACACGC CGCGGCAACA CGTGGTGCTG CGCTCCTCGG AGATCGCCCC CGGCTCGCTG
3721 GCCCTGCTGCCGCGCGCCAC GCGCCCCGTC GTGCGGACAC GGTCCGACCC CACGGCGCCG
3781 TTCTACATCA CCACCGAGAC GCACGAGCTG ACGCGGCGCC CCCCGGCGGA CGGCTCGAAG
3841 CCCGGGGAGC CCCTCCGTAT CAGCCCGCCC CCGCGGCTGG ACACGGAGTG GTCCTCCGTC
3901 ATCAACGGGA TCC

注：单下划线为 gIE－F/R 引物所在位置；

双下划线为 gIME－F /R 引物所在位置；

□部分的序列为猪伪狂犬病毒 SA215 株缺失部分的序列。

ICS 65.020.01
B 04

中华人民共和国国家标准

农业部1485号公告—3—2010

转基因植物及其产品成分检测 耐除草剂甜菜H7-1及其衍生品种 定性PCR方法

Detection of genetically modified plants and derived products—Qualitative PCR method for herbicide-tolerant sugar beet H7-1 and its derivates

2010-11-15 发布 2011-01-01 实施

中华人民共和国农业部 发布

前　　言

本标准按照 GB/T 1.1—2009 给出的规则起草。

本标准由中华人民共和国农业部科技教育司提出。

本标准由全国农业转基因生物安全管理标准化技术委员会(SAC/TC 276)归口。

本标准起草单位:农业部科技发展中心、吉林省农业科学院。

本标准主要起草人:张明、厉建萌、李飞武、邵改革、刘信、李葱葱、康岭生、刘娜、宋新元。

转基因植物及其产品成分检测
耐除草剂甜菜 H7-1 及其衍生品种定性 PCR 方法

1 范围

本标准规定了转基因耐除草剂甜菜 H7-1 转化体特异性的定性 PCR 检测方法。

本标准适用于转基因耐除草剂甜菜 H7-1 及其衍生品种，以及制品中 H7-1 转化体成分的定性 PCR 检测。

2 规范性引用文件

下列文件对于本文件的应用是必不可少的。凡是注日期的引用文件，仅注日期的版本适用于本文件。凡是不注日期的引用文件，其最新版本(包括所有的修改单)适用于本文件。

GB/T 6682 分析实验室用水规格和试验方法

NY/T 672 转基因植物及其产品检测 通用要求

NY/T 673 转基因植物及其产品检测 抽样

NY/T 674 转基因植物及其产品检测 DNA 提取和纯化

3 术语和定义

下列术语和定义适用于本文件。

3.1

***GluA* 基因 *GluA* gene**

编码甜菜谷氨酰胺合成酶的基因。

3.2

H7-1 转化体特异性序列 event-specific sequence of H7-1

H7-1 外源插入片段 5′端与甜菜基因组的连接区序列，包括 FMV 35S 启动子 5′端部分序列和甜菜基因组的部分序列。

4 原理

根据耐除草剂甜菜 H7-1 转化体特异性序列设计特异性引物，对试样 DNA 进行 PCR 扩增。依据是否扩增获得预期 254 bp 的特异性 DNA 片段，判断样品中是否含有 H7-1 转化体成分。

5 试剂和材料

除非另有说明，仅使用分析纯试剂和重蒸馏水或符合 GB/T 6682 规定的一级水。

5.1 琼脂糖。

5.2 10 g/L 溴化乙锭溶液：称取 1.0 g 溴化乙锭(EB)，溶解于 100 mL 水中，避光保存。

注：溴化乙锭有致癌作用，配制和使用时宜戴一次性手套操作并妥善处理废液。

5.3 10 mol/L 氢氧化钠溶液：在 160 mL 水中加入 80.0 g 氢氧化钠(NaOH)，溶解后再加水定容至200 mL。

5.4 500 mmol/L 乙二铵四乙酸二钠溶液(pH 8.0)：称取 18.6 g 乙二铵四乙酸二钠($EDTA-Na_2$)，加

入 70 mL 水中，加入适量氢氧化钠溶液(5.3)，加热溶解后，冷却至室温，再用氢氧化钠溶液(5.3)调 pH 至 8.0，加水定容至 100 mL。在 103.4 kPa(121℃)条件下灭菌 20 min。

5.5 1 mol/L 三羟甲基氨基甲烷—盐酸溶液(pH 8.0)：称取 121.1 g 三羟甲基氨基甲烷(Tris)溶解于 800 mL 水中，用盐酸(HCl)调 pH 至 8.0，加水定容至 1 000 mL。在 103.4 kPa(121℃)条件下灭菌 20 min。

5.6 TE 缓冲液(pH 8.0)：分别量取 10 mL 三羟甲基氨基甲烷—盐酸溶液(5.5)和 2 mL 乙二铵四乙酸二钠溶液(5.4)溶液，加水定容至 1 000 mL。在 103.4 kPa(121℃)条件下灭菌 20 min。

5.7 50×TAE 缓冲液：称取 242.2 g 三羟甲基氨基甲烷，加入 500 mL 水加热搅拌溶解后，加入 100 mL 乙二铵四乙酸二钠溶液(5.4)，用冰乙酸调 pH 至 8.0，然后加水定容至 1 000 mL。使用时用水稀释成 1×TAE。

5.8 加样缓冲液：称取 250.0 mg 溴酚蓝，加入 10 mL 水，在室温下溶解 12 h；称取 250.0 mg 二甲基苯腈蓝，加 10 mL 水溶解；称取 50.0 g 蔗糖，加 30 mL 水溶解。混合以上三种溶液，加水定容至 100 mL，在 4℃下保存。

5.9 DNA 分子量标准：可以清楚地区分 100 bp～1 000 bp 的 DNA 片段。

5.10 dNTPs 混合溶液：将浓度为 10 mmol/L 的 dATP、dTTP、dGTP、dCTP 四种脱氧核糖核苷酸溶液等体积混合。

5.11 Taq DNA 聚合酶及 PCR 反应缓冲液。

5.12 引物。

5.12.1 ***GluA* 基因**

GS-F：5′-GACCTCCATATTACTGAAAGGAAG-3′

GS-R：5′-GAGTAATTGCTCCATCCTGTTCA-3′

预期扩增片段大小为 118 bp。

5.12.2 **H7-1 转化体特异性序列**

H7-1-F：5′-AGGTGATGGTGGCTGTTATG-3′

H7-1-R：5′-ATGGGAGTTCCTTCTTGGTT-3′

预期扩增片段大小为 254 bp。

5.13 引物溶液：用 TE 缓冲液(5.6)或水分别将上述引物稀释到 10 μmol/L。

5.14 石蜡油。

5.15 PCR 产物回收试剂盒。

5.16 DNA 提取试剂盒。

6 仪器

6.1 分析天平：感量 0.1 g 和 0.1 mg。

6.2 PCR 扩增仪：升降温速度>1.5℃/s，孔间温度差异<1.0℃。

6.3 电泳槽、电泳仪等电泳装置。

6.4 紫外透射仪。

6.5 凝胶成像系统或照相系统。

6.6 重蒸馏水发生器或超纯水仪。

6.7 其他相关仪器和设备。

7 操作步骤

7.1 抽样

按 NY/T 672 和 NY/T 673 的规定执行。

7.2 制样

按 NY/T 672 和 NY/T 673 的规定执行。

7.3 试样预处理

按 NY/T 674 的规定执行。

7.4 DNA 模板制备

按 NY/T 674 的规定执行,或使用经验证适用于甜菜 DNA 提取与纯化的 DNA 提取试剂盒。

7.5 PCR 反应

7.5.1 试样 PCR 反应

7.5.1.1 每个试样 PCR 反应设置 3 次重复。

7.5.1.2 在 PCR 反应管中按表 1 依次加入反应试剂,混匀,再加 25 μL 石蜡油(有热盖设备的 PCR 仪可不加)。

表 1 PCR 检测反应体系

试　剂	终浓度	体　积
水		—
10×PCR 缓冲液	1×	2.5 μL
25 mmol/L 氯化镁溶液	1.5 mmol/L	1.5 μL
dNTPs 混合溶液(各 2.5 mmol/L)	各 0.2 mmol/L	2 μL
10 μmol/L 上游引物	0.2 μmol/L	0.5 μL
10 μmol/L 下游引物	0.2 μmol/L	0.5 μL
Taq 酶	0.025 U/μL	—
25 mg/L DNA 模板	2 mg/L	2.0 μL
总体积		25.0 μL

注 1:根据 Taq 酶的浓度确定其体积,并相应调整水的体积,使反应体系总体积达到 25.0 μL。如果 PCR 缓冲液中含有氯化镁,则不加氯化镁溶液,加等体积水。

注 2:甜菜内标准基因 PCR 检测反应体系中,上、下游引物分别为 GS-F 和 GS-R;H7-1 转化体 PCR 检测反应体系中,上、下游引物分别为 H7-1-F 和 H7-1-R。

7.5.1.3 将 PCR 管放在离心机上,500 g～3 000 g 离心 10 s,然后取出 PCR 管,放入 PCR 仪中。

7.5.1.4 进行 PCR 反应。反应程序为:94℃变性 5 min;94℃变性 30 s,56℃退火 30 s,72℃延伸 30 s,共进行 35 次循环;72℃延伸 7 min。

7.5.1.5 反应结束后取出 PCR 管,对 PCR 反应产物进行电泳检测。

7.5.2 对照 PCR 反应

在试样 PCR 反应的同时,应设置阴性对照、阳性对照和空白对照。

以非转基因甜菜材料提取的 DNA 作为阴性对照;以转基因甜菜 H7-1 质量分数为 0.1%～1.0% 的甜菜基因组 DNA 作为阳性对照;以水作为空白对照。

各对照 PCR 反应体系中,除模板外,其余组分及 PCR 反应条件与 7.5.1 相同。

7.6 PCR 产物电泳检测

按 20 g/L 的质量浓度称量琼脂糖,加入 1×TAE 缓冲液中,加热溶解,配制成琼脂糖溶液。每 100 mL琼脂糖溶液中加入 5 μL EB 溶液,混匀,稍适冷却后,将其倒入电泳板上,插上梳板,室温下凝固成凝胶后,放入 1×TAE 缓冲液中,垂直向上轻轻拔去梳板。取 12 μL PCR 产物与 3 μL 加样缓冲液混合后加入凝胶点样孔,同时在其中一个点样孔中加入 DNA 分子量标准,接通电源在 2 V/cm～5 V/cm 条件下电泳检测。

7.7 凝胶成像分析

电泳结束后，取出琼脂糖凝胶，置于凝胶成像仪上或紫外透射仪上成像。根据 DNA 分子量标准估计扩增条带的大小，将电泳结果形成电子文件存档或用照相系统拍照。如需通过序列分析确认 PCR 扩增片段是否为目的 DNA 片段，按照 7.8 和 7.9 的规定执行。

7.8 PCR 产物回收

按 PCR 产物回收试剂盒说明书，回收 PCR 扩增的 DNA 片段。

7.9 PCR 产物测序验证

将回收的 PCR 产物克隆测序，与耐除草剂甜菜 H7－1 转化体特异性序列(参见附录 A)进行比对，确定 PCR 扩增的 DNA 片段是否为目的 DNA 片段。

8 结果分析与表述

8.1 对照检测结果分析

阳性对照的 PCR 反应中，*GluA* 内标准基因和 H7－1 转化体特异性序列均得到扩增，且扩增片段大小与预期片段大小一致，而阴性对照中仅扩增出 *GluA* 基因片段，空白对照没有任何扩增片段，表明 PCR 反应体系正常工作，否则重新检测。

8.2 样品检测结果分析和表述

8.2.1 *GluA* 内标准基因和 H7－1 转化体特异性序列均得到扩增，且扩增片段大小与预期片段大小一致，表明样品中检测出转基因耐除草剂甜菜 H7－1 转化体成分，表述为“样品中检测出转基因耐除草剂甜菜 H7－1 转化体成分，检测结果为阳性”。

8.2.2 *GluA* 内标准基因片段得到扩增，且扩增片段大小与预期片段大小一致，而 H7－1 转化体特异性序列未得到扩增，或扩增片段大小与预期片段大小不一致，表明样品中未检测出耐除草剂甜菜 H7－1 转化体成分，表述为“样品中未检测出耐除草剂甜菜 H7－1 转化体成分，检测结果为阴性”。

8.2.3 *GluA* 内标准基因片段未得到扩增，或扩增片段大小与预期片段大小不一致，表明样品中未检测出甜菜成分，表述为“样品中未检测出甜菜成分，检测结果为阴性”。

附 录 A
(资料性附录)
耐除草剂甜菜 H7-1 转化体特异性序列

1 AGGTGATGGT GGCTGTTATG AGCATTTTGT GTTTGATGTT TCTTTCTTCT
51 CATTACGGTT TTATTGGGAT CTGGGTGGCT CTAACTATTT ACATGAGCCT
101 CCGCGCGTTT GCTGAAGGCG GGAAACGACA ATCTGATCCC CATCAAGCTT
151 GAGCTCAGGA TTTAGCAGCA TTCCAGATTG GGTTCAATCA ACAAGGTACG
201 AGCCATATCA CTTTGTTCAA ATTGGTATCG CCAAAACCAA GAAGGAACTC
251 CCAT

注:划线部分为引物序列。

ICS 65.020.01
B 04

中华人民共和国国家标准

农业部1485号公告—4—2010
代替 NY/T 674—2003

转基因植物及其产品成分检测 DNA提取和纯化

Detection of genetically modified plants and derived products—DNA extraction and purification

2010-11-15 发布　　2011-01-01 实施

中华人民共和国农业部　发布

前　言

本标准按照 GB/T 1.1—2009 给出的规则起草。

本标准代替 NY/T 674—2003《转基因植物及其产品检测　DNA 提取和纯化》。本标准与 NY/T 674—2003 相比，除编辑性修改外主要技术变化如下：

——修改了“规范性引用文件”(见 2，2003 年版的 2)；

——修改了“原理”中的相关表述(见 3，2003 年版的 3)；

——修改了“试剂与溶液”，将有关的内容移入附录 A(见 4、附录 A，2003 年版的 4)；

——增加了“凝胶成像系统或照相系统”(见 5.6)；

——修改了“仪器和设备”的相关表述(见 5.1、5.2、5.7 和 2003 年版的 5.1、5.2、5.3)；

——增加了“试样的制备”(见 6.1)；

——修改了“DNA 的提取与纯化”，将 DNA 提取与纯化方法移入附录 A(见 6.3、附录 A，2003 年版的 6.2)；

——修改了 DNA 的浓度和质量测定以及 DNA 溶液保存的规定(见 6.4、6.5，2003 年版的 6.3)；

——增加了规范性附录 A。

本标准由中华人民共和国农业部科技教育司提出。

本标准由全国农业转基因生物安全管理标准化技术委员会(SAC/TC 276)归口。

本标准起草单位：农业部科技发展中心、中国农业科学院生物技术研究所、中国农业科学院植物保护研究所、上海交通大学、中国农业大学。

本标准主要起草人：金芜军、沈平、张秀杰、彭于发、宋贵文、黄昆仑、张大兵、宛煜嵩。

本标准于 2003 年 4 月首次发布，本次为第一次修订。

转基因植物及其产品成分检测　DNA 提取和纯化

1　范围

本标准规定了转基因植物及其产品中 DNA 提取和纯化的方法和技术要求。

本标准适用于转基因植物及其产品中 DNA 的提取和纯化。

2　规范性引用文件

下列文件对于本文件的应用是必不可少的。凡是注日期的引用文件，仅注日期的版本适用于本文件。凡是不注日期的引用文件，其最新版本（包括所有的修改单）适用于本文件。

GB/T 6682　分析实验室用水规格和试验方法

NY/T 672　转基因植物及其产品检测　通用要求

NY/T 673　转基因植物及其产品检测　抽样

3　原理

通过物理和化学方法使 DNA 从样品的不同组分中分离出来。利用不同的纯化方法，弃除样品中的蛋白质、脂肪、多糖、其他次生代谢物以及 DNA 提取过程中加入的氯仿、异戊醇、异丙醇等化合物，获得纯化的 DNA。

4　试剂和溶液

见附录 A。

5　仪器和设备

5.1　高速冷冻离心机。

5.2　高速台式离心机。

5.3　紫外分光光度计。

5.4　磁力搅拌器。

5.5　高压灭菌锅。

5.6　凝胶成像系统或照相系统。

5.7　其他相关仪器和设备。

6　分析步骤

6.1　试样的制备

按 NY/T 673 和 NY/T 672 规定的要求执行。

6.2　试样的预处理

6.2.1　固态试样

待检测的固体试样研磨成颗粒状，颗粒直径大小在 2 mm 以下。

6.2.2　非油脂类液态试样

如面酱等黏稠状食品可直接用于 DNA 的提取。酱油、豆奶、番茄酱等液态加工品可取 50 mL 以上试样（根据不同试样和不同检测要求，可以适当增加试样量），经 10 000 g 离心 10 min，弃去上清液，保留沉淀用于 DNA 的抽提；或者 80℃加热蒸发水分后，取干物质用于 DNA 提取；或者在冷冻干燥后，取干物质用于 DNA 提取。

6.2.3 **油脂类液态试样**

不需要预处理。

6.3 **DNA 的提取与纯化**

固态试样及非油脂类液态试样经预处理并充分混匀后，取 2 份相同的测试样进行 DNA 提取和纯化。每份测试样 0.1 g～0.5 g。对于 DNA 含量较低的样品，可适当增加测试样的量，但不宜超过2.0 g。油脂类试样 DNA 提取的测试样按 A.5 执行。应根据测试样量的改变，按比例改变 DNA 提取与纯化过程中溶液和试剂的用量。

DNA 提取与纯化方法见附录 A。应根据试样的不同，选择适当的方法提取 DNA。

在试样 DNA 提取和纯化的同时，应设置阴性提取对照。

6.4 **DNA 的浓度和质量**

将 DNA 适当稀释或浓缩，使其 OD_{260}值在 0.1～0.8 的区间内，测定并记录其在 260 nm 和 280 nm 的吸光度。以 1 个 OD_{260}值相当于 50 mg/L DNA 浓度来计算纯化 DNA 的浓度，并进行 DNA 凝胶电泳检测 DNA 完整性。DNA 溶液 OD_{260}/OD_{280}值应在 1.7～2.0 之间，或质量能符合检测要求。

6.5 **DNA 溶液的稀释和保存**

依据测得的浓度将 DNA 溶液用 0.1×TE 溶液或水稀释到 25 mg/L～50 mg/L，分装成多管，－20℃保存。需要使用时，取出融化后立即使用。

附 录 A
(规范性附录)
DNA 提取与纯化方法

A.1 CTAB 法

A.1.1 范围

应用于实验室常规 DNA 制备。适用于富含多糖的植物及其粗加工测试样品 DNA 提取和纯化，如植物叶片、种子及粗加工材料等。

A.1.2 试剂和材料

除非另有说明，仅使用分析纯试剂和重蒸馏水或符合 GB/T 6682 规定的二级水。

A.1.2.1 α-淀粉酶(1 500 U/mg～3 000 U/mg)。

A.1.2.2 氯仿($CHCl_3$)。

A.1.2.3 乙醇(C_2H_5OH)，体积分数为 95%；－20℃保存备用。

A.1.2.4 二水乙二铵四乙酸二钠盐($C_{10}H_{14}N_2O_8Na_2 \cdot 2H_2O$，$Na_2EDTA \cdot 2H_2O$)。

A.1.2.5 十六烷基三甲基溴化铵($C_{19}H_{42}BrN$，CTAB)。

A.1.2.6 盐酸(HCl)，体积分数为 37%。

A.1.2.7 异丙醇[$CH_3CH(OH)CH_3$]。

A.1.2.8 蛋白酶 K(＞20 U/mg)。

A.1.2.9 无 DNA 酶的 RNA 酶 A(＞50 U/mg)。

A.1.2.10 氯化钠(NaCl)。

A.1.2.11 氢氧化钠(NaOH)。

A.1.2.12 三羟甲基氨基甲烷($C_4H_{11}NO_3$，Tris)。

A.1.2.13 异硫氰酸胍(CH_5N_3HSCN)。

A.1.2.14 曲拉通 100[$C_{14}H_{22}O(C_2H_4O)_n$]。

A.1.2.15 10 g/L α-淀粉酶溶液：称取 10 mg α-淀粉酶，溶解于 1 mL 无菌水中。不可高压灭菌。分装成数管后于－20℃保存，避免反复冻融。

A.1.2.16 1 mol/L 三羟甲基氨基甲烷—盐酸溶液(pH 7.5)：称取 121.1 g 三羟甲基氨基甲烷(Tris)溶解于约 800 mL 水中，用盐酸溶液调 pH 至 7.5，加水定容至1 000 mL，在 103.4 kPa、121℃条件下，灭菌 15 min 后使用。

A.1.2.17 1 mol/L 三羟甲基氨基甲烷—盐酸溶液(pH 6.4)：称取 121.1 g 三羟甲基氨基甲烷(Tris)溶解于约 800 mL 水中，用盐酸溶液调 pH 至 6.4，加水定容至1 000 mL，在 103.4 kPa、121℃条件下，灭菌 15 min 后使用。

A.1.2.18 10 mol/L 氢氧化钠溶液：在约 160 mL 水中加入 80.0 g 氢氧化钠(NaOH)，溶解后加水定容至 200 mL。

A.1.2.19 0.5 mol/L 乙二铵四乙酸二钠溶液(pH 8.0)：称取 18.6 g 乙二铵四乙酸二钠($Na_2EDTA \cdot 2H_2O$)，加入约 70 mL 水中，再加入适量氢氧化钠溶液(A.1.2.18)，加热至完全溶解后，冷却至室温，用氢氧化钠溶液(A.1.2.18)调 pH 至 8.0，加水定容至 100 mL，在 103.4 kPa、121℃条件下，灭菌 15 min

后使用。

A.1.2.20 CTAB 提取缓冲液(pH 8.0):在约 600 mL 水中加入 81.7 g 氯化钠(NaCl),20 g 十六烷基三甲基溴化铵(CTAB),充分溶解后,加入 100 mL 三羟甲基氨基甲烷—盐酸溶液(A.1.2.16)和 40 mL 乙二铵四乙酸二钠溶液(A.1.2.19),用盐酸或氢氧化钠溶液(A.1.2.18)调 pH 至 8.0,加水定容至 1 000 mL,在 103.4 kPa、121℃条件下,灭菌 15 min 后使用。

A.1.2.21 70%乙醇溶液:量取 737 mL95%乙醇,加水定容至 1 000 mL。

A.1.2.22 20 g/L 蛋白酶 K 溶液:称取 20 mg 蛋白酶 K,溶解于 1 mL 无菌水中。不可高压灭菌。分装成数管后于−20℃保存,避免反复冻融。

A.1.2.23 10 g/L RNA 酶 A 溶液:称取 10 mg 无 DNA 酶的 RNA 酶 A,溶解于 1 mL 无菌水中,在 100℃沸水中温浴 15 min～20 min,冷却至室温后,分装成数管后于−20℃保存,避免反复冻融。

A.1.2.24 3 mol/L 乙酸钾溶液(pH 5.2):在约 60 mL 水中加入 29.4 g 乙酸钾,充分溶解,用冰乙酸调 pH 至 5.2,加水定容至 100 mL。不要高压灭菌。必要时,使用 0.22 μm 微孔滤膜过滤除菌。

A.1.2.25 TE 缓冲液(pH 8.0):在约 800 mL 水中依次加入 10 mL 三羟甲基氨基甲烷—盐酸溶液(A.1.2.16)和 2 mL 乙二铵四乙酸二钠溶液(A.1.2.19),用盐酸或氢氧化钠溶液(A.1.2.18)调 pH 至 8.0,加水定容至 1 000 mL,在 103.4 kPa、121℃条件下,灭菌 15 min 后使用。

A.1.2.26 过柱缓冲液:在约 600 mL 水中加入 590.8 g 异硫氰酸胍,充分溶解后加入 50 mL 三羟甲基氨基甲烷—盐酸溶液(A.1.2.17),20 mL 乙二铵四乙酸二钠溶液(A.1.2.19),1 mL 曲拉通 100,用盐酸或氢氧化钠溶液(A.1.2.18)调 pH 至 6.4,加水定容至 1 000 mL。

A.1.2.27 洗脱缓冲液Ⅰ:在约 600 mL 水中加入 590.8 g 异硫氰酸胍,充分溶解后,加入 10 mL 三羟甲基氨基甲烷—盐酸溶液(A.1.2.17),用盐酸或氢氧化钠溶液(A.1.2.18)调 pH 至 6.4,加水定容至1 000 mL。

A.1.2.28 洗脱缓冲液Ⅱ:称取 2.9 g 氯化钠(NaCl),加入约 100 mL 水中充分溶解后,加入 10 mL 三羟甲基氨基甲烷—盐酸溶液(A.1.2.16),737 mL 95%乙醇,加水定容至 1 000 mL。

A.1.2.29 离心柱:硅胶膜 DNA 离心吸附柱,其硅胶膜饱和 DNA 吸附效率不低于 800 $\mu g/m^2$。

A.1.3 操作步骤

A.1.3.1 称取 0.1 g 待测样品(依试样的不同,可适当增加待测样品量,并在提取过程中相应增加试剂及溶液用量),在液氮中充分研磨成粉末后转移至离心管中(不需研磨的试样直接加入)。

A.1.3.2 加入 1.0 mL 预热至 65℃的 CTAB 提取缓冲液,充分混合、悬浮试样(依试样不同,可适当增加缓冲液的用量)。加入 10 μL α-淀粉酶溶液(依试样不同,可不加),10 μL RNA 酶 A 溶液,并轻柔混合。65℃温浴 30 min,期间每 3 min～5 min 颠倒混匀一次(依试样不同可不加 RNA 酶- A 溶液,或在 A.1.3.7 步骤获得的 DNA 溶液中加入)。

A.1.3.3 加入 10 μL 蛋白酶 K 溶液,轻柔混合,并于 65℃温浴 30 min,期间每 3 min～5 min 颠倒混匀一次。依试样不同,可略过此步骤直接进行 A.1.3.4。

A.1.3.4 12 000 g 离心 15 min。转移上清至一新离心管,加入 0.7 倍～1 倍体积氯仿,充分混合。12 000 g离心 15 min。转移上清至一新离心管中。

A.1.3.5 加入 0.6 倍体积异丙醇、0.1 倍体积的乙酸钾溶液,轻柔颠倒混合,室温放置 20 min。12 000 g离心 15 min。弃上清。

A.1.3.6 加入 500 μL 70%乙醇溶液,并颠倒混合数次。12 000 g 离心 10 min。弃上清。

A.1.3.7 干燥 DNA 沉淀。加 100 μL 水或 TE 缓冲液溶解 DNA。必要时,可按 A.1.3.8 至 A.1.3.16 步骤对 DNA 进行纯化。

A.1.3.8 加 300 μL 过柱缓冲液,上下颠倒 10 次,充分混匀。

A.1.3.9 将离心柱放置在 2 mL 的配套管上，将 DNA 溶液加入到离心柱中，放置 2 min。

A.1.3.10 将离心柱和套管一起用 8 000 g 离心 30 s，弃去套管中的溶液，在离心柱中加入 200 μL 洗脱缓冲液Ⅰ，8 000 g 离心 30 s，弃去套管中的溶液。

A.1.3.11 在离心柱中加入 200 μL 洗脱缓冲液Ⅰ，8 000 g 离心 30 s，弃去溶液。

A.1.3.12 在离心柱中加入 200 μL 洗脱缓冲液Ⅱ，8 000 g 离心 30 s，弃去溶液。

A.1.3.13 在离心柱中加入 200 μL 洗脱缓冲液Ⅱ，8 000 g 离心 30 s，弃去溶液。

A.1.3.14 12 000 g 离心 30 s，以除去离心柱中痕量残余溶液。

A.1.3.15 将离心柱放置在一个新的 2 mL 离心管中，在离心柱底部中央小心加入 50 μL TE 缓冲液或水，37℃放置 2 min，12 000 g 离心 30 s；若需提高 DNA 得率，可吸取离心管中 DNA 溶液再次加入到离心柱底部中央，37℃放置 2 min，12 000 g 离心 30 s。

A.1.3.16 离心管中的溶液即为 DNA 溶液。

A.2 改良 CTAB 法

A.2.1 范围

适用于植物深加工样品 DNA 提取和纯化，如饼干、挂面、爆米花、淀粉和膨化食品等。

A.2.2 试剂和材料

除非另有说明，仅使用分析纯试剂和重蒸馏水或符合 GB/T 6682 规定的二级水。

A.2.2.1 氯化钠(NaCl)。

A.2.2.2 氯化钾(KCl)。

A.2.2.3 磷酸氢二钠(Na_2HPO_4)。

A.2.2.4 磷酸二氢钠(NaH_2PO_4)。

A.2.2.5 山梨醇($C_6H_{14}O_6$)。

A.2.2.6 三羟甲基氨基甲烷($C_4H_{11}NO_3$，Tris)。

A.2.2.7 二水乙二铵四乙酸二钠盐($C_{10}H_{14}N_2O_8Na_2 \cdot 2H_2O$，$Na_2EDTA \cdot 2H_2O$)。

A.2.2.8 十六烷基三甲基溴化铵($C_{19}H_{42}BrN$，CTAB)。

A.2.2.9 十二烷基肌氨酸钠[$(CH_3(CH_2)_{10}CON(CH_3)CH_2COONa)$]。

A.2.2.10 氢氧化钠(NaOH)。

A.2.2.11 盐酸(HCl)，体积分数为 37%。

A.2.2.12 乙醇(C_2H_5OH)，体积分数为 95%：−20℃保存备用。

A.2.2.13 氯仿($CHCl_3$)。

A.2.2.14 异丙醇[$CH_3CH(OH)CH_3$]。

A.2.2.15 平衡酚(0.1 mol/L Tris 饱和，pH 8.0)。

A.2.2.16 平衡酚—氯仿溶液(1+1)。

A.2.2.17 10 mol/L 氢氧化钠溶液：在约 160 mL 水中加入 80.0 g 氢氧化钠(NaOH)，溶解后加水定容至 200 mL。

A.2.2.18 0.5 mol/L 乙二铵四乙酸二钠溶液(pH 8.0)：称取 18.6 g 乙二铵四乙酸二钠($Na_2EDTA \cdot 2H_2O$)，加入约 70 mL 水中，再加入适量氢氧化钠溶液(A.2.2.17)，加热至完全溶解后，冷却至室温，用盐酸或氢氧化钠溶液(A.2.2.17)调 pH 至 8.0，加水定容至 100 mL，在 103.4 kPa、121℃条件下，灭菌 15 min 后使用。

A.2.2.19 1 mol/L 三羟甲基氨基甲烷—盐酸溶液(pH 8.0)：称取 121.1 g 三羟甲基氨基甲烷(Tris)溶

解于约 800 mL 水中，用盐酸溶液调 pH 至 8.0，加水定容至 1 000 mL，在 103.4 kPa、121℃条件下，灭菌 15 min 后使用。

A.2.2.20 PBS 缓冲液：在约 800 mL 水中加入 8.0 g 氯化钠（NaCl）、0.2 g 氯化钾（KCl）、2.98 g 磷酸氢二钠（Na_2HPO_4）和 0.22 g 磷酸二氢钠（NaH_2PO_4），充分溶解后用盐酸调 pH 至 7.4，加水定容至 1 000 mL，在 103.4 kPa、121℃条件下，灭菌 15 min 后使用。

A.2.2.21 提取缓冲液：在约 800 mL 水中加入 63.77 g 山梨醇、12.1 g 三羟甲基氨基甲烷（Tris）、1.68 g乙二铵四乙酸二钠（$Na_2EDTA \cdot 2H_2O$），充分溶解后加水定容至 1 000 mL，在 103.4 kPa、121℃条件下，灭菌 15 min 后使用。

A.2.2.22 裂解缓冲液Ⅰ：在约 500 mL 水中加入 117.0 g 氯化钠（NaCl）、20 g 十六烷基三甲基溴化铵（CTAB），充分溶解后，加入 200 mL 三羟甲基氨基甲烷—盐酸溶液（A.2.2.19），100 mL 乙二铵四乙酸二钠溶液（A.2.2.18），加水定容至 1 000 mL，在 103.4 kPa、121℃条件下，灭菌 15 min 后使用。

A.2.2.23 裂解缓冲液Ⅱ：在约 800 mL 水中加入 50 g 十二烷基肌氨酸钠，充分溶解后，加水定容至 1 000 mL，在 103.4 kPa、121℃条件下，灭菌 15 min 后使用。

A.2.2.24 3 mol/L 乙酸钾溶液（pH 5.2）：在约 60 mL 水中加入 29.4 g 乙酸钾，充分溶解，用冰乙酸调 pH 至 5.2，加水定容至 100 mL。不要高压灭菌。必要时，使用 0.22 μm 微孔滤膜过滤除菌。

A.2.2.25 TE 缓冲液（pH 8.0）：在约 800 mL 水中依次加入 10 mL 三羟甲基氨基甲烷—盐酸溶液（A.2.2.19）和 2 mL 乙二铵四乙酸二钠溶液（A.2.2.18），用盐酸或氢氧化钠溶液（A.2.2.17）调 pH 至 8.0，加水定容至 1 000 mL，在 103.4 kPa、121℃条件下，灭菌 15 min 后使用。

A.2.2.26 70%乙醇溶液：量取 737 mL 95%乙醇，加水定容至 1 000 mL。

A.2.3 操作步骤

A.2.3.1 称取 0.1 g 待测样品（依试样的不同，可适当增加待测样品量，加工程度高的淀粉类样品，可最多增加至 2.0 g，并在提取过程中相应增加试剂及溶液用量），充分研磨成粉末后转移至离心管中（不需研磨的试样直接加入）。

A.2.3.2 加入 1.0 mL PBS 缓冲液，充分混匀，20℃，12 000 g 离心 10 min，弃上清。

A.2.3.3 加入 1.0 mL 提取缓冲液，充分混匀，20℃，12 000 g 离心 15 min，弃上清（依样品的不同，可略过 A.2.3.2 及 A.2.3.3，直接转入 A.2.3.4）。

A.2.3.4 加入 1.0 mL 裂解缓冲液Ⅰ和 0.4 mL 裂解缓冲液Ⅱ，充分混匀，65℃温浴 40 min。

A.2.3.5 20℃，12 000 g 离心 15 min，吸取上清到另一新的离心管中。

A.2.3.6 加入等体积平衡酚—氯仿溶液，轻轻混匀，20℃，12 000 g 离心 10 min，吸取上清到另一新的离心管中。

A.2.3.7 加入等体积氯仿，轻缓混匀，20℃，12 000 g 离心 10 min，吸取上清到另一新的离心管中。

A.2.3.8 加入 0.6 倍体积异丙醇、0.1 倍体积的乙酸钾溶液，轻轻颠倒混匀，−20℃静置 2 h 以上，12 000 g 离心 10 min，弃上清。

A.2.3.9 加入 0.5 mL～1.0 mL 70%乙醇溶液，颠倒混合。12 000 g 离心 10 min，弃上清。

A.2.3.10 干燥 DNA 沉淀。加 100 μL 水或 TE 缓冲液溶解 DNA。必要时，可按 A.1.3.8 至 A.1.3.16 对 DNA 进行纯化。

A.3 SDS 法

A.3.1 范围

适用于蛋白含量较高的植物及其粗加工测试样品 DNA 提取和纯化，如大豆、豆粕等。

A.3.2 试剂和材料

除非另有说明，仅使用分析纯试剂和重蒸馏水或符合 GB/T 6682 规定的二级水。

A.3.2.1 乙醇(C_2H_5OH)，体积分数为 95%，−20℃保存备用。

A.3.2.2 冰醋酸(CH_3COOH)。

A.3.2.3 乙酸钾($C_2H_3O_2K$)。

A.3.2.4 盐酸(HCl)，体积分数为 37%。

A.3.2.5 异戊醇[$(CH_3)_2CHCH_2CH_2OH$]。

A.3.2.6 氯仿($CHCl_3$)。

A.3.2.7 三羟甲基氨基甲烷($C_4H_{11}NO_3$，Tris)。

A.3.2.8 二水乙二铵四乙酸二钾盐($C_{10}H_{14}N_2O_8K_2 \cdot 2H_2O$，$K_2EDTA \cdot 2H_2O$)。

A.3.2.9 氢氧化钾(KOH)。

A.3.2.10 十二烷基磺酸钠($C_{12}H_{25}O_4SNa$，SDS)。

A.3.2.11 蛋白酶 K(>20 U/mg)。

A.3.2.12 无 DNA 酶的 RNA 酶 A(>50 U/mg)。

A.3.2.13 平衡酚(0.1 mol/L Tris 饱和，pH 8.0)。

A.3.2.14 氯仿—异戊醇溶液(24+1)。

A.3.2.15 平衡酚—氯仿—异戊醇溶液(25+24+1)。

A.3.2.16 10 mol/L 氢氧化钾溶液：在约 160 mL 水中加入 112.2 g 氢氧化钾(KOH)，溶解后加水定容至 200 mL。

A.3.2.17 1 mol/L 三羟甲基氨基甲烷—盐酸溶液(pH 8.0)：称取 121.1 g 三羟甲基氨基甲烷(Tris)溶解于约 800 mL 水中，用盐酸溶液调 pH 至 8.0，加水定容至 1 000 mL，在 103.4 kPa、121℃条件下，灭菌 15 min 后使用。

A.3.2.18 0.5 mol/L 乙二铵四乙酸二钾溶液(pH 8.0)：称取 20.2 g 乙二铵四乙酸二钾($K_2EDTA \cdot 2H_2O$)，加入约 70 mL 水中，再加入适量氢氧化钾溶液(A.3.2.16)，加热至完全溶解后，冷却至室温，用氢氧化钾溶液(A.3.2.16)调 pH 至 8.0，用水定容至 100 mL，在 103.4 kPa、121℃条件下，灭菌 15 min 后使用。

A.3.2.19 提取/裂解缓冲液：在约 600 mL 水中加入 30 g 十二烷基磺酸钠(SDS)，充分溶解后，加入 50 mL三羟甲基氨基甲烷—盐酸溶液(A.3.2.17)，100 mL 乙二铵四乙酸二钾溶液(A.3.2.18)，用盐酸或氢氧化钾溶液(A.3.2.16)调 pH 至 8.0，加水定容至 1 000 mL，在 103.4 kPa、121℃条件下，灭菌 15 min后使用。

A.3.2.20 TE 缓冲液(pH 8.0)：在约 800 mL 水中依次加入 10 mL 三羟甲基氨基甲烷—盐酸溶液(A.3.2.17)，2 mL 乙二铵四乙酸二钾溶液(A.3.2.18)，用盐酸或氢氧化钾溶液(A.3.2.16)调 pH 至 8.0，加水定容至 1 000 mL，在 103.4 kPa、121℃条件下，灭菌 15 min 后使用。

A.3.2.21 20 g/L 蛋白酶 K 溶液：称取 20 mg 蛋白酶 K，溶解于 1 mL 无菌水中。不可高压灭菌。分装成数管后于−20℃保存，避免反复冻融。

A.3.2.22 10 g/L RNA 酶 A 溶液：称取 10 mg 无 DNA 酶的 RNA 酶 A，溶解于 1 mL 无菌水中，在 100℃沸水中温浴 15 min～20 min，冷却至室温后，分装成数管后于−20℃保存，避免反复冻融。

A.3.2.23 70%乙醇溶液：量取 737 mL 95%乙醇，加水定容至 1 000 mL。

A.3.2.24 3 mol/L 乙酸钾溶液(pH 5.2)：在约 60 mL 水中加入 29.4 g 乙酸钾，充分溶解，用冰乙酸调 pH 至 5.2，加水定容至 100 mL。不要高压灭菌。必要时，使用 0.22 μm 微孔滤膜过滤除菌。

A.3.3 操作步骤

A.3.3.1　称取 0.1 g 待测样品(依试样的不同,可适当增加待测样品量,并在提取过程中相应增加试剂及溶液用量),在液氮中充分研磨成粉末后转移至离心管中(不需研磨的试样直接加入)。

A.3.3.2　加入 1.0 mL 提取/裂解缓冲液,加 50 μL 蛋白酶 K 溶液,60℃～70℃温浴 30 min～2 h。

A.3.3.3　加入 RNA 酶 A 溶液至终浓度为 100 mg/L,37℃放置 30 min,12 000 g 离心 15 min,转移上清至一新离心管中(依试样不同可不加 RNA 酶- A 溶液,或在 A.3.3.9 步骤获得的 DNA 溶液中加入)。

A.3.3.4　加入 1 倍体积平衡酚,轻缓颠倒混匀。12 000 g 离心 10 min,转移上层水相至一新离心管中。

A.3.3.5　加入 1 倍体积平衡酚—氯仿—异戊醇溶液,轻缓颠倒混匀,12 000 g 离心 10 min,转移上层水相至一新离心管中。重复此步骤,直到相间界面清洁。

A.3.3.6　加入 1 倍体积氯仿—异戊醇溶液,轻缓颠倒混匀,12 000 g 离心 10 min,转移上层水相至一新离心管中。如有必要,需重复此步骤直到相间界面清洁。

A.3.3.7　加入 0.1 倍体积乙酸钾溶液和 2 倍体积 95%乙醇,充分混合。液氮中放置 5 min,或－80℃放置 30 min,或－20℃放置 1 h。12 000 g,离心 10 min 后小心倾倒上清。

A.3.3.8　加入 500 μL 70%乙醇溶液小心洗涤 DNA 沉淀。12 000 g,离心 10 min 后小心倾倒上清。

A.3.3.9　干燥沉淀。将 DNA 沉淀溶解于 100 μL 水或 TE 缓冲液中。必要时,可按 A.1.3.8 至 A.1.3.16 对 DNA 进行纯化。

A.4　SDS-PVP 法

A.4.1　范围

适用于多酚复合物含量较高的测试样品 DNA 提取和纯化,如棉花种子、叶片、带壳水稻种子等。

A.4.2　试剂和材料

除非另有说明,仅使用分析纯试剂和重蒸馏水或符合 GB/T 6682 规定的二级水。

A.4.2.1　乙醇(C_2H_5OH),体积分数为 95%,－20℃保存备用。

A.4.2.2　异丙醇($CH_3CHOHCH_3$)。

A.4.2.3　聚乙烯吡咯烷酮(PVP),K＝80～100。

A.4.2.4　盐酸(HCl),体积分数为 37%。

A.4.2.5　氯化钠(NaCl)。

A.4.2.6　氢氧化钠(NaOH)。

A.4.2.7　三羟甲基氨基甲烷($C_4H_{11}NO_3$,Tris)。

A.4.2.8　二水乙二铵四乙酸二钠盐($C_{10}H_{14}N_2O_8Na_2 \cdot 2H_2O$,$Na_2EDTA \cdot 2H_2O$)。

A.4.2.9　十二烷基磺酸钠($C_{12}H_{25}O_4SNa$,SDS)。

A.4.2.10　乙酸铵($C_2H_3O_2NH_4$)。

A.4.2.11　异戊醇[$(CH_3)_2CHCH_2CH_2OH$]。

A.4.2.12　氯仿($CHCl_3$)。

A.4.2.13　平衡酚(0.1 mol/L Tris 饱和,pH 8.0)。

A.4.2.14　氯仿—异戊醇溶液(24＋1)。

A.4.2.15　平衡酚—氯仿—异戊醇溶液(25＋24＋1)。

A.4.2.16　70%乙醇溶液:量取 737 mL 95%乙醇,加水定容至 1 000 mL。－20℃保存备用。

A.4.2.17　1 mol/L 三羟甲基氨基甲烷—盐酸溶液(pH 8.0):称取 121.1 g 三羟甲基氨基甲烷(Tris)溶解于约 800 mL 水中,用盐酸溶液调 pH 至 8.0,加水定容至 1 000 mL,在 103.4 kPa、121℃条件下,灭菌 15 min 后使用。

A.4.2.18　10 mol/L 氢氧化钠溶液：在约 160 mL 水中加入 80.0 g 氢氧化钠（NaOH），溶解后加水定容到 200 mL。

A.4.2.19　0.5 mol/L 乙二铵四乙酸二钠溶液（pH 8.0）：称取 18.6 g 乙二铵四乙酸二钠（$Na_2EDTA \cdot 2H_2O$），加入约 70 mL 水中，再加入适量氢氧化钠溶液（A.4.2.18），加热至完全溶解后，冷却至室温，用氢氧化钠溶液（A.4.2.18）调 pH 至 8.0，加水定容至 100 mL，在 103.4 kPa、121℃条件下，灭菌 15 min 后使用。

A.4.2.20　提取缓冲液：在约 600 mL 水中加入 50 g 十二烷基磺酸钠（SDS），14.6 g 氯化钠（NaCl），充分溶解后，加入 200 mL 三羟甲基氨基甲烷—盐酸溶液（A.4.2.17），50 mL 乙二铵四乙酸二钠溶液（A.4.2.19），用盐酸或氢氧化钠溶液（A.4.2.18）调 pH 至 8.0，加水定容至 1 000 mL，在 103.4 kPa、121℃条件下，灭菌 15 min 后使用。

A.4.2.21　TE 缓冲液（pH 8.0）：在约 800 mL 水中依次加入 10 mL 三羟甲基氨基甲烷—盐酸溶液（A.4.2.17）和 2 mL 乙二铵四乙酸二钠溶液（A.4.2.19），用盐酸或氢氧化钠溶液（A.4.2.18）调 pH 至 8.0，加水定容至 1 000 mL，在 103.4 kPa、121℃条件下，灭菌 15 min 后使用。

A.4.3　操作步骤

A.4.3.1　称取 0.1 g 待测样品（依试样的不同，可适当增加待测样品量，并在提取过程中相应增加试剂及溶液用量），在液氮中充分研磨成粉末后转移至离心管中（不需研磨的试样直接加入）。

A.4.3.2　加入 1 mL 提取缓冲液，充分混合、悬浮试样。悬浮液在 65℃下振荡 1 h 后，冷却至室温。依次加入 60 mg PVP 粉末和 0.5 倍体积的乙酸铵溶液。冰上放置 30 min。

A.4.3.3　12 000 g 离心 15 min，转移上清至一新离心管中。依试样的不同，按 A.4.3.4 至 A.4.3.6 进行抽提后，转至 A.4.3.7。也可直接转至 A.4.3.7。

A.4.3.4　加入 1 倍体积平衡酚，轻缓颠倒混匀。12 000 g 离心 10 min，转移上层水相至一新离心管中。

A.4.3.5　加入 1 倍体积平衡酚—氯仿—异戊醇溶液，轻缓颠倒混匀，12 000 g 离心 10 min，转移上层水相至一新离心管中。如有必要，重复此步骤，直到相间界面清洁。

A.4.3.6　加入 1 倍体积氯仿—异戊醇溶液，轻缓颠倒混匀，12 000 g 离心 10 min，转移上层水相至一新离心管中。如有必要，重复此步骤，直到相间界面清洁。

A.4.3.7　加入 1 倍体积异丙醇，−20℃静置 1 h。12 000 g，离心 10 min 并小心倾倒上清。

A.4.3.8　用 500 μL 70%乙醇溶液洗涤 DNA 沉淀，小心倾倒上清。在沉淀不牢固时，可 12 000 g 离心 10 min，再小心倾倒上清。

A.4.3.9　干燥沉淀。将 DNA 沉淀溶解于 100 μL 水或 TE 缓冲液中。必要时，可按 A.1.3.8 至 A.1.3.16 对 DNA 进行纯化。

A.5　油脂类加工品 DNA 提取方法

A.5.1　范围

适用于从液态或固态油脂产品中提取 DNA，包括以大豆、油菜子、玉米等为原料加工的粗油或精炼油等。

A.5.2　试剂与材料

除非另有说明，仅使用分析纯试剂和重蒸馏水或符合 GB/T 6682 规定的二级水。

A.5.2.1　乙醇（C_2H_5OH），体积分数 95%：−20℃保存备用。

A.5.2.2　正己烷[$CH_3(CH_2)_4CH_3$]。

A.5.2.3　氯仿（$CHCl_3$）。

A.5.2.4　异戊醇[$(CH_3)_2CHCH_2CH_2OH$]。

A.5.2.5　异丙醇[$CH_3CH(OH)CH_3$]。

A.5.2.6　盐酸（HCl），体积分数为 37%。

A.5.2.7　氯化钠(NaCl)。

A.5.2.8　氢氧化钠(NaOH)。

A.5.2.9　三羟甲基氨基甲烷($C_4H_{11}NO_3$,Tris)。

A.5.2.10　二水乙二铵四乙酸二钠盐($C_{10}H_{14}N_2O_8Na_2 \cdot 2H_2O$,$Na_2EDTA \cdot 2H_2O$)。

A.5.2.11　十六烷基三甲基溴化铵($C_{19}H_{42}BrN$,CTAB)。

A.5.2.12　氯仿—异戊醇溶液(24+1)。

A.5.2.13　70%乙醇溶液:量取 737 mL 95%乙醇,加水定容至 1 000 mL。

A.5.2.14　1 mol/L 三羟甲基氨基甲烷—盐酸溶液(pH 8.0):称取 121.1 g 三羟甲基氨基甲烷(Tris)溶解于约 800 mL 水中,用盐酸溶液调 pH 至 8.0,加水定容至 1 000 mL,在 103.4 kPa、121℃条件下,灭菌 15 min 后使用。

A.5.2.15　10 mol/L 氢氧化钠溶液:在约 160 mL 水中加入 80.0 g 氢氧化钠(NaOH),溶解后加水定容到 200 mL。

A.5.2.16　0.5 mol/L 乙二铵四乙酸二钠溶液(pH 8.0):称取 18.6 g 乙二铵四乙酸二钠($Na_2EDTA \cdot 2H_2O$),加入约 70 mL 水中,再加入适量氢氧化钠溶液(A.5.2.15),加热至完全溶解后,冷却至室温,用氢氧化钠溶液(A.5.2.15)调 pH 至 8.0,加水定容至 100 mL,在 103.4 kPa、121℃条件下,灭菌 15 min 后使用。

A.5.2.17　CTAB 提取缓冲液(pH 8.0):约 600 mL 水中加入 81.7 g 氯化钠(NaCl),20 g 十六烷基三甲基溴化铵(CTAB),充分溶解后,加入 100 mL 三羟甲基氨基甲烷—盐酸溶液(A.5.2.14)和 40 mL 乙二铵四乙酸二钠溶液(A.5.2.16),用盐酸或氢氧化钠溶液(A.5.2.15)调 pH 至 8.0,加水定容至 1 000 mL,在 103.4 kPa、121℃条件下,灭菌 15 min 后使用。

A.5.2.18　TE 缓冲液(pH 8.0):在约 800 mL 水中依次加入 10 mL 三羟甲基氨基甲烷—盐酸溶液(A.5.2.14)和 2 mL 乙二铵四乙酸二钠溶液(A.5.2.16),用盐酸或氢氧化钠溶液(A.5.2.15)调 pH 至 8.0,加水定容至 1 000 mL,在 103.4 kPa、121℃条件下,灭菌 15 min 后使用。

A.5.3　操作步骤

A.5.3.1　取油脂食品适量(液态油取 30 mL、磷脂类和固态油脂取 5 g)放入 100 mL 离心管中,加入 25 mL正己烷,不断振荡混合 2 h 后,加入 25 mL CTAB 提取缓冲液,继续振荡混合 2 h。

A.5.3.2　10 000 g 离心 10 min 至分相,取水相,加入等体积异丙醇,轻缓颠倒混匀,−20℃下静置 1 h。10 000 g 离心 10 min,沉淀 DNA。

A.5.3.3　按 A.1.3.8 至 A.1.3.16 纯化 DNA,或按 A.5.3.4 至 A.5.3.7 操作。

A.5.3.4　用 400 μL TE 缓冲液溶解沉淀后,加入 200 μL 氯仿—异戊醇,轻缓颠倒混匀,10 000 g 离心 2 min至分相。

A.5.3.5　将上清液转移至干净离心管中,加入等体积异丙醇,轻缓颠倒混匀,−20℃下静置 1 h。10 000 g离心 10 min,沉淀 DNA。

A.5.3.6　弃上清液后,用 1 mL 70%乙醇溶液洗涤 DNA 沉淀,小心倾倒上清。在沉淀不牢固时,可 10 000 g离心 10 min,再小心倾倒上清。

A.5.3.7　干燥沉淀,将 DNA 沉淀溶解于 100 μL 水或 TE 缓冲液中。

A.6　试剂盒方法

经验证适合转基因植物及其产品成分检测 DNA 提取和纯化的试剂盒方法。

ICS 65.020.01
B 04

中华人民共和国国家标准

农业部1485号公告—5—2010

转基因植物及其产品成分检测 抗病水稻M12及其衍生品种定性PCR方法

Detection of genetically modified plants and derived products—
Qualitative PCR method for disease-resistant rice M12 and its derivates

2010-11-15 发布

2011-01-01 实施

中华人民共和国农业部 发布

前　言

本标准按照 GB/T 1.1—2009 给出的规则起草。

本标准由中华人民共和国农业部科技教育司提出。

本标准由全国农业转基因生物安全管理标准化技术委员会(SAC/TC 276)归口。

本标准起草单位:农业部科技发展中心、中国农业科学院生物技术研究所、中国农业科学院植物保护研究所、安徽省农业科学院水稻研究所。

本标准主要起草人:张秀杰、段武德、金芜军、谢家建、刘信、宛煜嵩、倪大虎。

转基因植物及其产品成分检测
抗病水稻 M12 及其衍生品种定性 PCR 方法

1 范围

本标准规定了转基因抗病水稻 M12 转化体特异性的定性 PCR 检测方法。

本标准适用于转基因抗病水稻 M12 及其衍生品种，以及制品中 M12 转化体成分的定性 PCR 检测。

2 规范性引用文件

下列文件对于本文件的应用是必不可少的。凡是注日期的引用文件，仅注日期的版本适用于本文件。凡是不注日期的引用文件，其最新版本(包括所有的修改单)适用于本文件。

GB/T 6682 分析实验室用水规格和试验方法

NY/T 672 转基因植物及其产品检测 通用要求

NY/T 673 转基因植物及其产品检测 抽样

NY/T 674 转基因植物及其产品检测 DNA 提取和纯化

3 术语和定义

下列术语和定义适用于本文件。

3.1

***sps* 基因 *sps* gene**

编码蔗糖磷酸合酶(Sucrose Phosphate Synthase)的基因。

3.2

M12 转化体特异性序列 event-specific sequence of M12

M12 外源 DNA 插入受体水稻后经重组产生的特异性序列，包括 *Xa*21 基因序列及载体骨架序列。

4 原理

根据抗病水稻 M12 转化体特异性序列设计特异性引物，对试样进行 PCR 扩增。依据是否扩增获得预期 380 bp 的特异性 DNA 片段，判断样品中是否含有 M12 转化体成分。

5 试剂和材料

除非另有说明，仅使用分析纯试剂和重蒸馏水或符合 GB/T 6682 规定的一级水。

5.1 琼脂糖。

5.2 10 g/L 溴化乙锭溶液：称取 1.0 g 溴化乙锭(EB)，溶解于 100 mL 水中，避光保存。

注：溴化乙锭有致癌作用，配制和使用时宜戴一次性手套操作并妥善处理废液。

5.3 10 mol/L 氢氧化钠溶液：在 160 mL 水中加入 80.0 g 氢氧化钠(NaOH)，溶解后再加水定容至200 mL。

5.4 500 mmol/L 乙二铵四乙酸二钠溶液(pH 8.0)：称取 18.6 g 乙二铵四乙酸二钠($EDTA-Na_2$)，加入 70 mL 水中，加入适量氢氧化钠溶液(5.3)，加热至完全溶解后，冷却至室温，用氢氧化钠溶液(5.3)调

pH至8.0，用水定容到100 mL。在103.4 kPa(121℃)条件下灭菌20 min。

5.5　1 mol/L三羟甲基氨基甲烷—盐酸溶液(pH 8.0)：称取121.1 g三羟甲基氨基甲烷(Tris)溶解于800 mL水中，用盐酸(HCl)调pH至8.0，加水定容至1 000 mL。在103.4 kPa(121℃)条件下灭菌20 min。

5.6　TE缓冲液(pH 8.0)：分别量取10 mL三羟甲基氨基甲烷—盐酸溶液(5.5)和2 mL乙二铵四乙酸二钠溶液(5.4)溶液，加水定容至1 000 mL。在103.4 kPa(121℃)条件下灭菌20 min。

5.7　50×TAE缓冲液：称取242.2 g三羟甲基氨基甲烷(Tris)，加入300 mL水加热搅拌溶解后，加入100 mL乙二铵四乙酸二钠溶液溶液(5.4)，用冰乙酸调pH至8.0，然后加水定容到1 000 mL。使用时用水稀释成1×TAE。

5.8　加样缓冲液：称取250.0 mg溴酚蓝，加入10 mL水，在室温下溶解12 h；称取250.0 mg二甲基苯腈蓝，加10 mL水溶解；称取50.0 g蔗糖，加30 mL水溶解。混合以上三种溶液，加水定容至100 mL，在4℃下保存。

5.9　DNA分子量标准：可以清楚地区分50 bp～1 000 bp的DNA片段。

5.10　dNTPs混合溶液：将浓度为10 mmol/L的dATP、dTTP、dGTP、dCTP四种脱氧核糖核苷酸溶液等体积混合。

5.11　Taq DNA聚合酶及其PCR反应缓冲液。

5.12　引物。

5.12.1　***sps*基因**

SPS-F1：5′-TTGCGCCTGAACGGATAT-3′

SPS-R1：5′-GGAGAAGCACTGGACGAGG-3′

预期扩增片段大小为277 bp。

5.12.2　**M12转化体特异性序列**

M12-F：5′-GTTGGAGATTTTGGGCTTG-3′

M12-R：5′-ATAGCCTCTCCACCCAAGCG-3′

预期扩增片段大小380 bp。

5.13　引物溶液：用TE缓冲液(5.6)分别将上述引物稀释到10 μmol/L。

5.14　石蜡油。

5.15　PCR产物回收试剂盒。

5.16　DNA提取试剂盒。

6　仪器

6.1　分析天平：感量0.1 g和0.1 mg。

6.2　PCR扩增仪：升降温速度>1.5℃/s，孔间温度差异<1.0℃。

6.3　电泳槽、电泳仪等电泳装置。

6.4　紫外透射仪。

6.5　凝胶成像系统或照相系统。

6.6　重蒸馏水发生器或超纯水仪。

6.7　其他相关仪器和设备。

7　操作步骤

7.1　抽样

按 NY/T 672 和 NY/T 673 的规定执行。

7.2 制样

按 NY/T 672 和 NY/T 673 的规定执行。

7.3 试样预处理

按 NY/T 674 的规定执行。

7.4 DNA 模板制备

按 NY/T 674 的规定执行,或使用经验证适用于水稻 DNA 提取与纯化的 DNA 提取试剂盒。

7.5 PCR 反应

7.5.1 试样 PCR 反应

7.5.1.1 每个试样 PCR 反应设置 3 次重复。

7.5.1.2 在 PCR 反应管中按表 1 依次加入反应试剂,混匀,再加 25 μL 石蜡油(有热盖设备的 PCR 仪可不加)。

表 1 PCR 检测反应体系

试 剂	终浓度	体 积
水		—
10×PCR 缓冲液	1×	2.5 μL
25 mmol/L 氯化镁溶液	1.5 mmol/L	1.5 μL
dNTPs 混合溶液(各 2.5 mmol/L)	各 0.2 mmol/L	2.0 μL
10 μmol/L 上游引物	0.4 μmol/L	1.0 μL
10 μmol/L 下游引物	0.4 μmol/L	1.0 μL
Taq 酶	0.025 U/μL	—
50 mg/L DNA 模板	2 mg/L	1.0 μL
总体积		25.0 μL

注 1:根据 Taq 酶的浓度确定其体积,并相应调整水的体积,使反应体系总体积达到 25.0 μL。如果 PCR 缓冲液中含有氯化镁,则不加氯化镁溶液,加等体积水。

注 2:水稻内标准基因 PCR 检测反应体系中,上、下游引物分别为 SPS-F1 和 SPS-R1;M12 转化体 PCR 检测反应体系中,上、下游引物分别为 M12-F 和 M12-R。

7.5.1.3 将 PCR 管放在离心机上,500 g~3 000 g 离心 10 s,然后取出 PCR 管,放入 PCR 仪中。

7.5.1.4 进行 PCR 反应。*sps* 基因扩增的反应程序为:95℃变性 5 min;94℃变性 1 min,56℃退火 30 s,72℃延伸 30 s,共进行 35 次循环;72℃延伸 7 min。M12 转化体特异性序列扩增的反应程序为:94℃变性 5 min;94℃变性 30 s,58℃退火 30 s,72℃延伸 30 s,共进行 35 次循环;72℃延伸 7 min。

7.5.1.5 反应结束后取出 PCR 管,对 PCR 反应产物进行电泳检测。

7.5.2 对照 PCR 反应

在试样 PCR 反应的同时,应设置阴性对照、阳性对照和空白对照。

以非转基因水稻材料提取的 DNA 作为阴性对照;以转基因水稻 M12 质量分数为 0.1%~1.0%的水稻 DNA 作为阳性对照;以水作为空白对照。

各对照 PCR 反应体系中,除模板外,其余组分及 PCR 反应条件与 7.5.1 相同。

7.6 PCR 产物电泳检测

按 20 g/L 的质量浓度称取琼脂糖,加入 1×TAE 缓冲液中,加热溶解,配制成琼脂糖溶液。每 100 mL琼脂糖溶液中加入 5 μL EB 溶液,混匀,稍适冷却后,将其倒入电泳板上,插上梳板,室温下凝固成凝胶后,放入 1×TAE 缓冲液中,垂直向上轻轻拔去梳板。取 12 μL PCR 产物与 3 μL 加样缓冲液混合后加入凝胶点样孔,同时在其中一个点样孔中加入 DNA 分子量标准,接通电源在 2 V/cm~5 V/cm 条件下电泳检测。

7.7 凝胶成像分析

电泳结束后，取出琼脂糖凝胶，置于凝胶成像仪上或紫外透射仪上成像。根据 DNA 分子量标准估计扩增条带的大小，将电泳结果形成电子文件存档或用照相系统拍照。如需通过序列分析确认 PCR 扩增片段是否为目的 DNA 片段，按照 7.8 和 7.9 的规定执行。

7.8 PCR 产物回收

按 PCR 产物回收试剂盒说明书，回收 PCR 扩增的 DNA 片段。

7.9 PCR 产物测序验证

将回收的 PCR 产物克隆测序，与抗病水稻 M12 转化体特异性序列(参见附录 A)进行比对，确定 PCR 扩增的 DNA 片段是否为目的 DNA 片段。

8 结果分析与表述

8.1 对照检测结果分析

阳性对照的 PCR 反应中，*sps* 内标准基因和 M12 转化体特异性序列均得到扩增，且扩增片段大小与预期片段大小一致，而阴性对照中仅扩增出 *sps* 基因片段，空白对照中没有任何扩增片段，表明 PCR 反应体系正常工作，否则重新检测。

8.2 样品检测结果分析和表述

8.2.1 *sps* 内标准基因和 M12 转化体特异性序列均得到了扩增，且扩增片段大小与预期片段大小一致，表明样品中检测出转基因抗病水稻 M12 转化体成分，表述为“样品中检测出转基因抗病水稻 M12 转化体成分，检测结果为阳性”。

8.2.2 *sps* 内标准基因片段得到扩增，且扩增片段大小与预期片段大小一致，而 M12 转化体特异性序列未得到扩增，或扩增片段大小与预期片段大小不一致，表明样品中未检测出抗病水稻 M12 转化体成分，表述为“样品中未检测出抗病水稻 M12 转化体成分，检测结果为阴性”。

8.2.3 *sps* 内标准基因片段未得到扩增，或扩增片段大小与预期片段大小不一致，表明样品中未检测出水稻成分，结果表述为“样品中未检测出水稻成分，检测结果为阴性”。

附 录 A
(资料性附录)
抗病水稻 M12 转化体特异性序列

1 <u>GTTGGAGATTTTGGGCTTG</u>CAAGAATACTTGTTGATGGGACCTCATTGATACAACAGTCA
61 ACAAGCTCGATGGGATTTATAGGGACAATTGGCTATGCAGCACCAGGTCAGCAAGTCCTT
121 CCAGTATTTTGCATTTTCTGATCTCTAGTGCTCCAGCGAGTCAGTGAGCGAGGAAGCGGA
181 AGAGCGCCTGATGCGGTATTTTCTCCTTACGCATCTGTGCGGTATTTCACACAAAGTAAA
241 CTGGATGGCTTTCTTGCCGCCAAGGATCTGATGGCGCAGGGGATCAAGATCTGATCAAGA
301 GACAGGATGAGGATCGTTTCGCATGATTGAACAAGATGGATTGCACGCAGGTTCTCCGGC
361 <u>CGCTTGGGTGGAGAGGCTAT</u>

注:划线部分为引物序列。

ICS 65.020.01
B 04

中华人民共和国国家标准

农业部1485号公告—6—2010

转基因植物及其产品成分检测 耐除草剂大豆MON89788及其衍生品种 定性PCR方法

Detection of genetically modified plants and derived products—Qualitative PCR method for herbicide-tolerant soybean MON89788 and its derivates

2010-11-15 发布　　　　2011-01-01 实施

中华人民共和国农业部　发布

前　言

本标准按照GB/T 1.1—2009给出的规则起草。

本标准由中华人民共和国农业部科技教育司提出。

本标准由全国农业转基因生物安全管理标准化技术委员会(SAC/TC 276)归口。

本标准起草单位:农业部科技发展中心、吉林省农业科学院、上海交通大学。

本标准主要起草人:张明、宋贵文、李飞武、李葱葱、沈平、董立明、邢珍娟、赵宁、刘乐庭、杨立桃。

转基因植物及其产品成分检测
耐除草剂大豆 MON89788 及其衍生品种定性 PCR 方法

1 范围

本标准规定了转基因耐除草剂大豆 MON89788 转化体特异性的定性 PCR 检测方法。

本标准适用于转基因耐除草剂大豆 MON89788 及其衍生品种，以及制品中 MON89788 转化体成分的定性 PCR 检测。

2 规范性引用文件

下列文件对于本文件的应用是必不可少的。凡是注日期的引用文件，仅注日期的版本适用于本文件。凡是不注日期的引用文件，其最新版本(包括所有的修改单)适用于本文件。

GB/T 6682 分析实验室用水规格和试验方法

NY/T 672 转基因植物及其产品检测 通用要求

NY/T 673 转基因植物及其产品检测 抽样

NY/T 674 转基因植物及其产品检测 DNA 提取和纯化

3 术语和定义

下列术语和定义适用于本文件。

3.1

***Lectin* 基因 *Lectin* gene**

编码凝集素前体蛋白的基因。

3.2

MON89788 转化体特异性序列 event-specific sequence of MON89788

MON89788 外源插入片段 5′端与大豆基因组的连接区序列，包括 FMV 35S 启动子 5′端部分序列和大豆基因组的部分序列。

4 原理

根据转基因耐除草剂大豆 MON89788 转化体特异性序列设计特异性引物，对试样 DNA 进行 PCR 扩增。依据是否扩增获得预期 223 bp 的特异性 DNA 片段，判断样品中是否含有 MON89788 转化体成分。

5 试剂和材料

除非另有说明，仅使用分析纯试剂和重蒸馏水或符合 GB/T 6682 规定的一级水。

5.1 琼脂糖。

5.2 10 g/L 溴化乙锭溶液：称取 1.0 g 溴化乙锭(EB)，溶解于 100 mL 水中，避光保存。

注：溴化乙锭有致癌作用，配制和使用时宜戴一次性手套操作并妥善处理废液。

5.3 10 mol/L 氢氧化钠溶液：在 160 mL 水中加入 80.0 g 氢氧化钠(NaOH)，溶解后再加水定容至200 mL。

5.4 500 mmol/L 乙二铵四乙酸二钠溶液(pH 8.0):称取 18.6 g 乙二铵四乙酸二钠(EDTA - Na_2),加入 70 mL 水中,再加入适量氢氧化钠溶液(5.3),加热至完全溶解后,冷却至室温,用氢氧化钠溶液(5.3)调 pH 至 8.0,加水定容至 100 mL。在 103.4 kPa(121℃)条件下灭菌 20 min。

5.5 1 mol/L 三羟甲基氨基甲烷—盐酸溶液(pH 8.0):称取 121.1 g 三羟甲基氨基甲烷(Tris)溶解于 800 mL 水中,用盐酸(HCl)调 pH 至 8.0,加水定容至 1 000 mL。在 103.4 kPa(121℃)条件下灭菌 20 min。

5.6 TE 缓冲液(pH 8.0):分别量取 10 mL 三羟甲基氨基甲烷—盐酸溶液(5.5)和 2 mL 乙二铵四乙酸二钠溶液(5.4)溶液,加水定容至 1 000 mL。在 103.4 kPa(121℃)条件下灭菌 20 min。

5.7 50×TAE 缓冲液:称取 242.2 g 三羟甲基氨基甲烷(Tris),先用 500 mL 水加热搅拌溶解后,加入 100 mL 乙二铵四乙酸二钠溶液(5.4),用冰乙酸调 pH 至 8.0,然后加水定容到 1 000 mL。使用时用水稀释成 1×TAE。

5.8 加样缓冲液:称取 250.0 mg 溴酚蓝,加入 10 mL 水,在室温下溶解 12 h;称取 250.0 mg 二甲基苯腈蓝,加 10 mL 水溶解;称取 50.0 g 蔗糖,加 30 mL 水溶解。混合以上三种溶液,加水定容至 100 mL,在 4℃下保存。

5.9 DNA 分子量标准:可以清楚地区分 100 bp~1 000 bp 的 DNA 片段。

5.10 dNTPs 混合溶液:将浓度为 10 mmol/L 的 dATP、dTTP、dGTP、dCTP 四种脱氧核糖核苷酸溶液等体积混合。

5.11 Taq DNA 聚合酶及 PCR 反应缓冲液。

5.12 引物。

5.12.1 ***Lectin* 基因**

lec - F:5′- GCCCTCTACTCCACCCCCATCC - 3′

lec - R:5′- GCCCATCTGCAAGCCTTTTTGTG - 3′

预期扩增片段大小为 118 bp。

5.12.2 **MON89788 转化体特异性序列**

Mon89788 - F:5′- CTGCTCCACTCTTCCTTT - 3′

Mon89788 - R:5′- AGACTCTGTACCCTGACCT - 3′

预期扩增片段大小为 223 bp。

5.13 引物溶液:用 TE 缓冲液(5.6)或水分别将上述引物稀释到 10 μmol/L。

5.14 石蜡油。

5.15 PCR 产物回收试剂盒。

5.16 DNA 提取试剂盒。

6 仪器

6.1 分析天平:感量 0.1 g 和 0.1 mg。

6.2 PCR 扩增仪:升降温速度>1.5℃/s,孔间温度差异<1.0℃。

6.3 电泳槽、电泳仪等电泳装置。

6.4 紫外透射仪。

6.5 凝胶成像系统或照相系统。

6.6 重蒸馏水发生器或超纯水仪。

6.7 其他相关仪器和设备。

7 操作步骤

7.1 抽样

按NY/T 672和NY/T 673的规定执行。

7.2 制样

按NY/T 672和NY/T 673的规定执行。

7.3 试样预处理

按NY/T 674的规定执行。

7.4 DNA模板制备

按NY/T 674的规定执行，或使用经验证适用于大豆DNA提取与纯化的DNA提取试剂盒。

7.5 PCR反应

7.5.1 试样PCR反应

7.5.1.1 每个试样PCR反应设置3次重复。

7.5.1.2 在PCR反应管中按表1依次加入反应试剂，混匀，再加25 μL石蜡油(有热盖设备的PCR仪可不加)。

表1 PCR检测反应体系

试　剂	终浓度	体　积
水		—
10×PCR缓冲液	1×	2.5 μL
25 mmol/L氯化镁溶液	1.5 mmol/L	1.5 μL
dNTPs混合溶液(各2.5 mmol/L)	各0.2 mmol/L	2 μL
10 μmol/L上游引物	0.2 μmol/L	0.5 μL
10 μmol/L下游引物	0.2 μmol/L	0.5 μL
Taq酶	0.025 U/μL	—
25 mg/L DNA模板	2 mg/L	2.0 μL
总体积		25.0 μL
注1：根据Taq酶的浓度确定其体积，并相应调整水的体积，使反应体系总体积达到25.0 μL。如果PCR缓冲液中含有氯化镁，则不加氯化镁溶液，加等体积水。 注2：大豆内标准基因PCR检测反应体系中，上、下游引物分别为lec-F和lec-R；MON89788转化体PCR检测反应体系中，上、下游引物分别为MON89788-F和MON89788-R。		

7.5.1.3 将PCR管放在离心机上，500 g～3 000 g离心10 s，然后取出PCR管，放入PCR仪中。

7.5.1.4 进行PCR反应。反应程序为：94℃变性5 min；94℃变性30 s，56℃退火30 s，72℃延伸30 s，共进行35次循环；72℃延伸7 min。

7.5.1.5 反应结束后取出PCR管，对PCR反应产物进行电泳检测。

7.5.2 对照PCR反应

在试样PCR反应的同时，应设置阴性对照、阳性对照和空白对照。

以非转基因大豆材料提取的DNA作为阴性对照；以转基因大豆MON89788质量分数为0.1%～1.0%的大豆基因组DNA作为阳性对照；以水作为空白对照。

各对照PCR反应体系中，除模板外，其余组分及PCR反应条件与7.5.1相同。

7.6 PCR产物电泳检测

按20 g/L的质量浓度称量琼脂糖，加入1×TAE缓冲液中，加热溶解，配制成琼脂糖溶液。每100 mL琼脂糖溶液中加入5 μL EB溶液，混匀，稍适冷却后，将其倒入电泳板上，插上梳板，室温下凝固成凝胶后，放入1×TAE缓冲液中，垂直向上轻轻拔去梳板。取12 μL PCR产物与3 μL加样缓冲液混合后加入凝胶点样孔，同时在其中一个点样孔中加入 DNA 分子量标准，接通电源在 2 V/cm～5 V/cm 条件下电泳检测。

7.7 凝胶成像分析

电泳结束后，取出琼脂糖凝胶，置于凝胶成像仪上或紫外透射仪上成像。根据 DNA 分子量标准估计扩增条带的大小，将电泳结果形成电子文件存档或用照相系统拍照。如需通过序列分析确认 PCR 扩增片段是否为目的 DNA 片段，按照 7.8 和 7.9 的规定执行。

7.8 PCR 产物回收

按 PCR 产物回收试剂盒说明书，回收 PCR 扩增的 DNA 片段。

7.9 PCR 产物测序验证

将回收的 PCR 产物克隆测序，与耐除草剂大豆 MON89788 转化体特异性序列(参见附录 A)进行比对，确定 PCR 扩增的 DNA 片段是否为目的 DNA 片段。

8 结果分析与表述

8.1 对照检测结果分析

阳性对照的 PCR 反应中，*Lectin* 内标准基因和 MON89788 转化体特异性序列均得到扩增，且扩增片段大小与预期片段大小一致，而阴性对照中仅扩增出 *Lectin* 基因片段，空白对照中没有任何扩增片段，表明 PCR 反应体系正常工作，否则重新检测。

8.2 样品检测结果分析和表述

8.2.1 *Lectin* 内标准基因和 MON89788 转化体特异性序列均得到扩增，且扩增片段大小与预期片段大小一致，表明样品中检测出转基因耐除草剂大豆 MON89788 转化体成分，表述为“样品中检测出转基因耐除草剂大豆 MON89788 转化体成分，检测结果为阳性”。

8.2.2 *Lectin* 内标准基因片段得到扩增，且扩增片段大小与预期片段大小一致，而 MON89788 转化体特异性序列未得到扩增，或扩增片段大小与预期片段大小不一致，表明样品中未检测出耐除草剂大豆 MON89788 转化体成分，表述为“样品中未检测出耐除草剂大豆 MON89788 转化体成分，检测结果为阴性”。

8.2.3 *Lectin* 内标准基因片段未得到扩增，或扩增片段大小与预期片段大小不一致，表明样品中未检测出大豆成分，表述为“样品中未检测出大豆成分，检测结果为阴性”。

附　录　A

（资料性附录）

耐除草剂大豆 MON89788 转化体特异性序列

1 CTGCTCCACT CTTCCTTTTG GGCTTTTTTG TTTCCCGCTC TAGCGCTTCA
51 ATCGTGGTTA TCAAGCTCCA AACACTGATA GTTTAAACTG AAGGCGGGAA
101 ACGACAATCT GATCCCCATC AAGCTCTAGC TAGAGCGGCC GCGTTATCAA
151 GCTTCTGCAG GTCCTGCTCG AGTGGAAGCT AATTCTCAGT CCAAAGCCTC
201 AACAAGGTCA GGGTACAGAG TCT

注：划线部分为引物序列。

ICS 65.020.01
B 04

中华人民共和国国家标准

农业部1485号公告—7—2010

转基因植物及其产品成分检测 耐除草剂大豆A2704-12及其衍生品种 定性PCR方法

Detection of genetically modified plants and derived products—Qualitative PCR method for herbicide-tolerant soybean A2704-12 and its derivates

2010-11-15 发布　　　　2011-01-01 实施

中华人民共和国农业部 发布

前　　言

本标准按照 GB/T 1.1—2009 给出的规则起草。

本标准由中华人民共和国农业部科技教育司提出。

本标准由全国农业转基因生物安全管理标准化技术委员会(SAC/TC 276)归口。

本标准起草单位:农业部科技发展中心、安徽省农业科学院水稻研究所、上海交通大学、中国农业科学院生物技术研究所。

本标准主要起草人:杨剑波、沈平、汪秀峰、杨立桃、宋贵文、李莉、马卉、陆徐忠、倪大虎、宋丰顺、金芜军。

转基因植物及其产品成分检测
耐除草剂大豆A2704－12及其衍生品种定性PCR方法

1 范围

本标准规定了转基因耐除草剂大豆A2704－12转化体特异性的定性PCR检测方法。

本标准适用于转基因耐除草剂大豆A2704－12及其衍生品种，以及制品中A2704－12转化体成分的定性PCR检测。

2 规范性引用文件

下列文件对于本文件的应用是必不可少的。凡是注日期的引用文件，仅注日期的版本适用于本文件。凡是不注日期的引用文件，其最新版本(包括所有的修改单)适用于本文件。

GB/T 6682 分析实验室用水规格和试验方法

NY/T 672 转基因植物及其产品检测 通用要求

NY/T 673 转基因植物及其产品检测 抽样

NY/T 674 转基因植物及其产品检测 DNA提取和纯化

3 术语和定义

下列术语和定义适用于本文件。

3.1

***Lectin*基因 *Lectin* gene**

编码凝集素前体蛋白的基因。

3.2

A2704－12转化体特异性序列 event-specific sequence of A2704－12

外源插入片段5′端与大豆基因组的连接区序列，包括大豆基因组部分序列、转化载体部分序列和外源*pat*基因部分序列。

4 原理

根据转基因耐除草剂大豆A2704－12转化体特异性序列设计特异性引物，对试样进行PCR扩增。依据是否扩增获得预期239 bp的特异性DNA片段，判断样品中是否含有A2704－12转化体成分。

5 试剂和材料

除非另有说明，仅使用分析纯试剂和重蒸馏水或符合GB/T 6682规定的一级水。

5.1 琼脂糖。

5.2 10 g/L溴化乙锭溶液：称取1.0 g溴化乙锭(EB)，溶于100 mL水中，避光保存。

注：溴化乙锭有致癌作用，配制和使用时宜戴一次性手套操作并妥善处理废液。

5.3 10 mol/L氢氧化钠溶液：在160 mL水中加入80.0 g氢氧化钠(NaOH)，溶解后再加水定容至200 mL。

5.4 500 mmol/L乙二铵四乙酸二钠溶液(pH 8.0)：称取18.6 g乙二铵四乙酸二钠(EDTA－Na_2)，加

入 70 mL 水中,再加入适量氢氧化钠溶液(5.3),加热至完全溶解后,冷却至室温,再用氢氧化钠溶液(5.3)调 pH 至 8.0,加水定容至 100 mL。在 103.4 kPa(121℃)条件下灭菌 20 min。

5.5 1 mol/L 三羟甲基氨基甲烷—盐酸溶液(pH 8.0):称取 121.1 g 三羟甲基氨基甲烷(Tris)溶解于 800 mL 水中,用盐酸调 pH 至 8.0,加水定容至 1 000 mL。在 103.4 kPa(121℃)条件下灭菌 20 min。

5.6 TE 缓冲液(pH 8.0):分别量取 10 mL 三羟甲基氨基甲烷—盐酸溶液(5.5)和 2 mL 乙二铵四乙酸二钠溶液(5.4),加水定容至 1 000 mL。在 103.4 kPa(121℃)条件下灭菌 20 min。

5.7 50×TAE 缓冲液:称取 242.2 g 三羟甲基氨基甲烷(Tris),先用 300 mL 水加热搅拌溶解后,加 100 mL 乙二铵四乙酸二钠溶液(5.4),用冰乙酸调 pH 至 8.0,然后加水定容到 1 000 mL。使用时用水稀释成 1×TAE。

5.8 加样缓冲液:称取 250.0 mg 溴酚蓝,加 10 mL 水,在室温下溶解 12 h;称取 250.0 mg 二甲基苯腈蓝,用 10 mL 水溶解;称取 50.0 g 蔗糖,用 30 mL 水溶解。混合以上三种溶液,加水定容至 100 mL,在 4℃下保存。

5.9 DNA 分子量标准:可以清楚地区分 50 bp～1 000 bp 的 DNA 片段。

5.10 dNTPs 混合溶液:将浓度为 10 mmol/L 的 dATP、dTTP、dGTP、dCTP 四种脱氧核糖核苷酸溶液等体积混合。

5.11 Taq DNA 聚合酶及 PCR 反应缓冲液。

5.12 引物。

5.12.1 ***Lectin* 基因**

Lec-F:5′-GCCCTCTACTCCACCCCCATCC-3′

Lec-R:5′-GCCCATCTGCAAGCCTTTTTGTG-3′

预期扩增片段大小为 118 bp。

5.12.2 **A2704-12 转化体特异性序列**

A2704-F:5′-TGAGGGGGTCAAAGACCAAG-3′

A2704-R:5′-CCAGTCTTTACGGCGAGT-3′

预期扩增片段大小为 239 bp。

5.13 引物溶液:用 TE 缓冲液(5.6)分别将上述引物稀释到 10 μmol/L。

5.14 石蜡油。

5.15 PCR 产物回收试剂盒。

5.16 DNA 提取试剂盒。

6 仪器

6.1 分析天平:感量 0.1 g 和 0.1 mg。

6.2 PCR 扩增仪:升降温速度>1.5℃/s,孔间温度差异<1.0℃。

6.3 电泳槽、电泳仪等电泳装置。

6.4 紫外透射仪。

6.5 凝胶成像系统或照相系统。

6.6 重蒸馏水发生器或超纯水仪。

6.7 其他相关仪器和设备。

7 操作步骤

7.1 抽样

按 NY/T 672 和 NY/T 673 的规定执行。

7.2 制样

按 NY/T 672 和 NY/T 673 的规定执行。

7.3 试样预处理

按 NY/T 674 的规定执行。

7.4 DNA 模板制备

按 NY/T 674 的规定执行,或使用经验证适用于大豆 DNA 提取和纯化的 DNA 提取试剂盒。

7.5 PCR 反应

7.5.1 试样 PCR 反应

7.5.1.1 每个试样 PCR 反应设置三次重复。

7.5.1.2 在 PCR 反应管中按表 1 依次加入反应试剂,混匀,再加 25 μL 石蜡油(有热盖设备的 PCR 仪可不加)。

表 1 PCR 检测反应体系

试 剂	终浓度	体 积
水		—
10×PCR 缓冲液	1×	2.5 μL
25 mmol/L 氯化镁溶液	1.5 mmol/L	1.5 μL
dNTPs 混合溶液(各 2.5 mmol/L)	各 0.2 mmol/L	2 μL
10 μmol/L 上游引物	0.2 μmol/L	0.5 μL
10 μmol/L 下游引物	0.2 μmol/L	0.5 μL
Taq 酶	0.025 U/μL	—
25 mg/L DNA 模板	2 mg/L	2.0 μL
总体积		25.0 μL

注 1:根据 Taq 酶的浓度确定其体积,并相应调整水的体积,使反应体系总体积达到 25.0 μL。如果 PCR 缓冲液中含有氯化镁,则不加氯化镁溶液,加等体积水。

注 2:大豆内标准基因 PCR 检测反应体系中,上、下游引物分别为 Lec-F 和 Lec-R;转基因大豆 A2704 - 12 转化体 PCR 检测反应体系中,上、下游引物分别为 A2704 - F 和 A2704 - R。

7.5.1.3 将 PCR 管放在离心机上,500 g~3 000 g 离心 10 s,然后取出 PCR 管,放入 PCR 仪中。

7.5.1.4 进行 PCR 反应。反应程序为:95℃变性 5 min;94℃变性 30 s,58℃退火 30 s,72℃延伸 30 s,共进行 35 次循环;72℃延伸 7 min。

7.5.1.5 反应结束后取出 PCR 管,对 PCR 反应产物进行电泳检测。

7.5.2 对照 PCR 反应

在试样 PCR 反应的同时,应设置阴性对照、阳性对照和空白对照。

以非转基因大豆材料中提取的 DNA 作为阴性对照;以转基因大豆 A2704 - 12 质量分数为 0.1%~1.0%的大豆 DNA 作为阳性对照;以水作为空白对照。

各对照 PCR 反应体系中,除模板外,其余组分及 PCR 反应条件与 7.5.1 相同。

7.6 PCR 产物电泳检测

按 20 g/L 的质量浓度称取琼脂糖,加入 1×TAE 缓冲液中,加热溶解,配制成琼脂糖溶液。每 100 mL琼脂糖溶液中加入 5 μL EB 溶液,混匀。适当冷却后,将其倒入电泳板上,插上梳板,室温下凝固成凝胶后,放入 1×TAE 缓冲液中,垂直向上轻轻拔去梳板。取 12 μL PCR 产物与 3 μL 加样缓冲液混合后加入点样孔中,同时,在其中一个点样孔中加入 DNA 分子量标准,接通电源在 2 V/cm~5 V/cm 条件下电泳检测。

7.7 凝胶成像分析

电泳结束后，取出琼脂糖凝胶，置于凝胶成像仪或紫外透射仪上成像。根据 DNA 分子量标准估计扩增条带的大小，将电泳结果形成电子文件存档或用照相系统拍照。如需通过序列分析确认 PCR 扩增片段是否为目的 DNA 片段，按照 7.8 和 7.9 的规定执行。

7.8 PCR 产物回收

按 PCR 产物回收试剂盒说明书，回收 PCR 扩增的 DNA 片段。

7.9 PCR 产物测序验证

将回收的 PCR 产物克隆测序，与耐除草剂大豆 A2704 - 12 转化体特异性序列（参见附录 A）进行比对，确定 PCR 扩增的 DNA 片段是否为目的 DNA 片段。

8 结果分析与表述

8.1 对照检测结果分析

阳性对照 PCR 反应中，*Lectin* 内标准基因和 A2704 - 12 转化体特异性序列均得到扩增，且扩增片段大小与预期片段大小一致，而阴性对照中仅扩增出 *Lectin* 基因片段，空白对照中没有任何扩增片段，这表明 PCR 反应体系正常工作，否则重新检测。

8.2 样品检测结果分析和表述

8.2.1 *Lectin* 内标准基因和 A2704 - 12 转化体特异性序列均得到扩增，且扩增片段大小与预期片段大小一致，表明样品中检测出转基因耐除草剂大豆 A2704 - 12 转化体成分，表述为"样品中检测出转基因耐除草剂大豆 A2704 - 12 转化体成分，检测结果为阳性"。

8.2.2 *Lectin* 内标准基因片段得到扩增，且扩增片段大小与预期片段大小一致，而 A2704 - 12 转化体特异性序列未得到扩增，或扩增片段大小与预期片段大小不一致，表明样品中未检测出转基因耐除草剂大豆 A2704 - 12 转化体成分，表述为"样品中未检测出转基因耐除草剂大豆 A2704 - 12 转化体成分，检测结果为阴性"。

8.2.3 *Lectin* 内标准基因片段未得到扩增，或扩增片段大小与预期片段大小不一致，表明样品中未检测出大豆成分，表述为"样品中未检测出大豆成分，检测结果为阴性"。

附 录 A
(资料性附录)
转基因耐除草剂大豆A2704-12转化体特异性序列

1 TGAGGGGGTC AAAGACCAAG AAGTGAGTTA TTTATCAGCC AAGCATTCTA
51 TTCTTCTTAT GTCGGTGCGG GCCTCTTCGC TATTACGCCA GCTGGCGAAA
101 GGGGGATGTG CTGCAAGGCG ATTAAGTTGG GTAACGCCAG GGTTTTCCCA
151 GTCACGACGT TGTAAAACGA CGGCCAGTGA ATTCCCATGG AGTCAAAGAT
201 TCAAATAGAG GACCTAACAG AACTCGCCGT AAAGACTGG

注:划线部分为引物序列。

ICS 65.020.01
B 04

中华人民共和国国家标准

农业部1485号公告—8—2010

转基因植物及其产品成分检测 耐除草剂大豆A5547-127及其衍生品种定性PCR方法

Detection of genetically modified plants and derived products—Qualitative PCR method for herbicide-tolerant soybean A5547-127 and its derivates

2010-11-15发布　　2011-01-01实施

中华人民共和国农业部　发布

前　言

本标准按照 GB/T 1.1—2009 给出的规则起草。

本标准由中华人民共和国农业部科技教育司提出。

本标准由全国农业转基因生物安全管理标准化技术委员会(SAC/TC 276)归口。

本标准起草单位:农业部科技发展中心、上海交通大学、安徽省农业科学院水稻研究所。

本标准主要起草人:杨立桃、沈平、张大兵、宋贵文、汪秀峰、马卉。

转基因植物及其产品成分检测
耐除草剂大豆 A5547-127 及其衍生品种定性 PCR 方法

1 范围

本标准规定了转基因耐除草剂大豆 A5547-127 转化体特异性的定性 PCR 检测方法。

本标准适用于转基因耐除草剂大豆 A5547-127 及其衍生品种，以及制品中 A5547-127 转化体成分的定性 PCR 检测。

2 规范性引用文件

下列文件对于本文件的应用是必不可少的。凡是注日期的引用文件，仅注日期的版本适用于本文件。凡是不注日期的引用文件，其最新版本(包括所有的修改单)适用于本文件。

GB/T 6682 分析实验室用水规格和试验方法

NY/T 672 转基因植物及其产品检测 通用要求

NY/T 673 转基因植物及其产品检测 抽样

NY/T 674 转基因植物及其产品检测 DNA 提取和纯化

3 术语和定义

下列术语和定义适用于本文件。

3.1

***Lectin* 基因 *Lectin* gene**

编码凝集素前体蛋白的基因。

3.2

A5547-127 转化体特异性序列 event-specific sequence of A5547-127

外源插入片段 5′端与大豆基因组的连接区序列，包括大豆基因组和外源插入 *bla* 基因序列的部分序列。

4 原理

根据转基因耐除草剂大豆 A5547-127 转化体特异性序列设计特异性引物，对试样进行 PCR 扩增。依据是否扩增获得预期 317 bp 的特异性 DNA 片段，判断样品中是否含有 A5547-127 转化体成分。

5 试剂和材料

除非另有说明，仅使用分析纯试剂和重蒸馏水或符合 GB/T 6682 规定的一级水。

5.1 琼脂糖。

5.2 10 g/L 溴化乙锭溶液：称取 1.0 g 溴化乙锭(EB)，溶于 100 mL 水中，避光保存。

注：溴化乙锭有致癌作用，配制和使用时宜戴一次性手套操作并妥善处理废液，避光保存。

5.3 10 mol/L 氢氧化钠溶液：在 160 mL 水中加入 80.0 g 氢氧化钠(NaOH)，溶解后再加水定容至200 mL。

5.4 500 mmol/L 乙二铵四乙酸二钠溶液(pH 8.0)：称取 18.6 g 乙二铵四乙酸二钠($EDTA-Na_2$)，加

入 70 mL 水中，再加入适量氢氧化钠溶液(5.3)，加热至完全溶解后，冷却至室温，用氢氧化钠溶液(5.3)调 pH 至 8.0，加水定容至 100 mL。在 103.4 kPa(121℃)条件下灭菌 20 min。

5.5　1 mol/L 三羟甲基氨基甲烷—盐酸溶液(pH 8.0)：称取 121.1 g 三羟甲基氨基甲烷(Tris)溶解于 800 mL 水中，用盐酸调 pH 至 8.0，加水定容至 1 000 mL。在 103.4 kPa(121℃)条件下灭菌 20 min。

5.6　TE 缓冲液(pH 8.0)：分别量取 10 mL 三羟甲基氨基甲烷—盐酸溶液(5.5)和 2 mL 乙二铵四乙酸二钠溶液(5.4)，加水定容至 1 000 mL。在 103.4 kPa(121℃)条件下灭菌 20 min。

5.7　50×TAE 缓冲液：称取 242.2 g 三羟甲基氨基甲烷(Tris)，先用 300 mL 水加热搅拌溶解后，加 100 mL 乙二铵四乙酸二钠溶液(5.4)，用冰乙酸调 pH 至 8.0，然后加水定容到 1 000 mL。使用时用水稀释成 1×TAE。

5.8　加样缓冲液：称取 250.0 mg 溴酚蓝，加 10 mL 水，在室温下溶解 12 h；称取 250.0 mg 二甲基苯腈蓝，用 10 mL 水溶解；称取 50.0 g 蔗糖，用 30 mL 水溶解。混合以上三种溶液，加水定容至 100 mL，在 4℃下保存。

5.9　DNA 分子量标准：可以清楚地区分 50 bp～1 000 bp 的 DNA 片段。

5.10　dNTPs 混合溶液：将浓度为 10 mmol/L 的 dATP、dTTP、dGTP、dCTP 四种脱氧核糖核苷酸溶液等体积混合。

5.11　Taq DNA 聚合酶及 PCR 反应缓冲液。

5.12　引物。

5.12.1　***Lectin* 基因**

Lec-F：5′-GCCCTCTACTCCACCCCCATCC-3′

Lec-R：5′-GCCCATCTGCAAGCCTTTTTGTG-3′

预期扩增片段大小为 118 bp。

5.12.2　**A5547-127 转化体特异性序列**

A5547-F：5′-CGCCATTATCGCCATTCC-3′

A5547-R：5′-GCGGTATTATCCCGTATTGA-3′

预期扩增片段大小为 317 bp。

5.13　引物溶液：用 TE 缓冲液(5.6)分别将上述引物稀释到 10 μmol/L。

5.14　石蜡油。

5.15　PCR 产物回收试剂盒。

5.16　DNA 提取试剂盒。

6　仪器

6.1　分析天平：感量 0.1 g 和 0.1 mg。

6.2　PCR 扩增仪：升降温速度>1.5℃/s，孔间温度差异<1.0℃。

6.3　电泳槽、电泳仪等电泳装置。

6.4　紫外透射仪。

6.5　凝胶成像系统或照相系统。

6.6　重蒸馏水发生器或超纯水仪。

6.7　其他相关仪器和设备。

7　操作步骤

7.1　抽样

按 NY/T 672 和 NY/T 673 的规定执行。

7.2 制样

按 NY/T 672 和 NY/T 673 的规定执行。

7.3 试样预处理

按 NY/T 674 的规定执行。

7.4 DNA 模板制备

按 NY/T 674 的规定执行,或使用经验证适用于大豆 DNA 提取与纯化的 DNA 提取试剂盒。

7.5 PCR 反应

7.5.1 试样 PCR 反应

7.5.1.1 每个试样 PCR 反应设置 3 次重复。

7.5.1.2 在 PCR 反应管中按表 1 依次加入反应试剂,混匀,再加 25 μL 石蜡油(有热盖设备的 PCR 仪可不加)。

表 1 PCR 检测反应体系

试 剂	终浓度	体 积
水		—
10×PCR 缓冲液	1×	2.5 μL
25 mmol/L 氯化镁溶液	2.5 mmol/L	2.5 μL
dNTPs 混合溶液(各 2.5 mmol/L)	各 0.2 mmol/L	2 μL
10 μmol/L 上游引物	0.4 μmol/L	1 μL
10 μmol/L 下游引物	0.4 μmol/L	1 μL
Taq 酶	0.05 U/μL	—
25 mg/L DNA 模板	2 mg/L	2.0 μL
总体积		25.0 μL

注 1:根据 Taq 酶的浓度确定其体积,并相应调整水的体积,使反应体系总体积达到 25.0 μL。如果 PCR 缓冲液中含有氯化镁,则不加氯化镁溶液,加等体积水。

注 2:大豆内标准基因 PCR 检测反应体系中,上、下游引物分别为 Lec-F 和 Lec-R;A5547 - 127 转化体 PCR 检测反应体系中,上、下游引物分别为 A5547 - F 和 A5547 - R。

7.5.1.3 将 PCR 管放在离心机上,500 g~3 000 g 离心 10 s,然后取出 PCR 管,放入 PCR 仪中。

7.5.1.4 进行 PCR 反应。反应程序为:95℃变性 7 min;94℃变性 30 s,58℃退火 30 s,72℃延伸 30 s,共进行 35 次循环;72℃延伸 7 min。

7.5.1.5 反应结束后取出 PCR 管,对 PCR 反应产物进行电泳检测。

7.5.2 对照 PCR 反应

在试样 PCR 反应的同时,应设置阴性对照、阳性对照和空白对照。

以非转基因大豆材料中提取的 DNA 作为阴性对照;以转基因大豆 A5547 - 127 质量分数为 0.1%~1.0%的大豆 DNA 作为阳性对照;以水作为空白对照。

各对照 PCR 反应体系中,除模板外,其余组分及 PCR 反应条件与 7.5.1 相同。

7.6 PCR 产物电泳检测

按 20 g/L 的质量浓度称取琼脂糖,加入 1×TAE 缓冲液中,加热溶解,配制成琼脂糖溶液。每 100 mL琼脂糖溶液中加入 5 μL EB 溶液,混匀,适当冷却后,将其倒入电泳板上,插上梳板,室温下凝固成凝胶后,放入 1×TAE 缓冲液中,垂直向上轻轻拔去梳板。取 12 μL PCR 产物与 3 μL 加样缓冲液混合后加入点样孔中,同时在其中一个点样孔中加入 DNA 分子量标准,接通电源在 2 V/cm~5 V/cm 条件下电泳检测。

7.7 凝胶成像分析

电泳结束后，取出琼脂糖凝胶，置于凝胶成像仪或紫外透射仪上成像。根据 DNA 分子量标准估计扩增条带的大小，将电泳结果形成电子文件存档或用照相系统拍照。如需通过序列分析确认 PCR 扩增片段是否为目的 DNA 片段，按照 7.8 和 7.9 的规定执行。

7.8 PCR 产物回收

按 PCR 产物回收试剂盒说明书，回收 PCR 扩增的 DNA 片段。

7.9 PCR 产物测序验证

将回收的 PCR 产物克隆测序，与耐除草剂大豆 A5547 - 127 转化体特异性序列（参见附录 A）进行比对，确定 PCR 扩增的 DNA 片段是否为目的 DNA 片段。

8 结果分析与表述

8.1 对照检测结果分析

阳性对照 PCR 反应中，*Lectin* 内标准基因和 A5547 - 127 转化体特异性序列均得到扩增，且扩增片段大小与预期片段大小一致，而阴性对照中仅扩增出 *Lectin* 基因片段，空白对照中没有任何扩增片段，表明 PCR 反应体系正常工作，否则重新检测。

8.2 样品检测结果分析和表述

8.2.1 *Lectin* 内标准基因和 A5547 - 127 转化体特异性序列均得到扩增，且扩增片段大小与预期片段大小一致，表明样品中检测出转基因耐除草剂大豆 A5547 - 127 转化体成分，表述为"样品中检测出转基因耐除草剂大豆 A5547 - 127 转化体成分，检测结果为阳性"。

8.2.2 *Lectin* 内标准基因片段得到扩增，且扩增片段大小与预期片段大小一致，而 A5547 - 127 转化体特异性序列未得到扩增，或扩增片段大小与预期片段大小不一致，表明样品中未检测出转基因耐除草剂大豆 A5547 - 127 转化体成分，表述为"样品中未检测出转基因耐除草剂大豆 A5547 - 127 转化体成分，检测结果为阴性"。

8.2.3 *Lectin* 内标准基因片段未得到扩增，或扩增片段大小与预期片段大小不一致，表明样品中未检测出大豆成分，表述为"样品中未检测出大豆成分，检测结果为阴性"。

附　录　A
（资料性附录）
转基因耐除草剂 A5547－127 转化体特异性序列

1 CGCCATTATC GCCATTCCGC CACGATCATT AAGGCTATGG CGGCCGCAAT
51 GGCGCCGCCA TATGAAACCC GCAATGCCAT CGCTATTTGG TGGCATTTTT
101 CCAAAAACCC GCAATGTCAT ACCGTCATCG TTGTCAGAAG TAAGTTGGCC
151 GCAGTGTTAT CACTCATGGT TATGGCAGCA ATGCATAATT CTCTTACTGT
201 CATGCCATCC GTAAGATGCT TTTCTGTGAC TGGTGAGTAC TCAACCAAGT
251 CATTCTGAGA ATAGTGTATG CGGCGACCGA GTTGCTCTTG CCCGGCGTCA
301 ATACGGGATA ATACCGC

注：划线部分为引物序列。

ICS 65.020.01
B 04

中华人民共和国国家标准

农业部1485号公告—9—2010

转基因植物及其产品成分检测 抗虫耐除草剂玉米59122及其衍生品种定性PCR方法

Detection of genetically modified plants and derived products—Qualitative PCR method for insect-resistant and herbicide-tolerant maize 59122 and its derivates

2010-11-15 发布　　2011-01-01 实施

中华人民共和国农业部 发布

前　　言

本标准按照 GB/T 1.1—2009 给出的规则起草。

本标准由中华人民共和国农业部科技教育司提出。

本标准由全国农业转基因生物安全管理标准化技术委员会(SAC/TC 276)归口。

本标准起草单位:农业部科技发展中心、中国农业科学院植物保护研究所。

本标准主要起草人:彭于发、沈平、谢家建、张永军、厉建萌。

转基因植物及其产品成分检测
抗虫耐除草剂玉米 59122 及其衍生品种定性 PCR 方法

1 范围

本标准规定了转基因抗虫耐除草剂玉米 59122 转化体特异性的定性 PCR 检测方法。

本标准适用于转基因抗虫耐除草剂玉米 59122 及其衍生品种，以及制品中 59122 转化体成分的定性 PCR 检测。

2 规范性引用文件

下列文件对于本文件的应用是必不可少的。凡是注日期的引用文件，仅注日期的版本适用于本文件。凡是不注日期的引用文件，其最新版本(包括所有的修改单)适用于本文件。

GB/T 6682 分析实验室用水规格和试验方法

NY/T 672 转基因植物及其产品检测 通用要求

NY/T 673 转基因植物及其产品检测 抽样

NY/T 674 转基因植物及其产品检测 DNA 提取和纯化

3 术语和定义

下列术语和定义适用于本文件。

3.1

***zSSIIb* 基因 *zSSIIb* gene**

编码玉米淀粉合酶异构体 zSTSII-2 的基因。

3.2

59122 转化体特异性序列 event-specific sequence of 59122

外源插入片段 3′端与玉米基因组的连接区序列，包括转化载体 T-DNA 左边界区域部分序列和玉米基因组的部分序列。

4 原理

根据转基因抗虫耐除草剂玉米 59122 转化体特异性序列设计特异性引物，对试样进行 PCR 扩增。依据是否扩增获得预期 273 bp 的 DNA 片段，判断样品中是否含有 59122 转化体成分。

5 试剂和材料

除非另有说明，仅使用分析纯试剂和重蒸馏水或符合 GB/T 6682 规定的一级水。

5.1 琼脂糖。

5.2 10 g/L 溴化乙锭溶液：称取 1.0 g 溴化乙锭(EB)，溶于 100 mL 水中，避光保存。

注：溴化乙锭有致癌作用，配制和使用时宜戴一次性手套操作并妥善处理废液。

5.3 10 mol/L 氢氧化钠溶液：在 160 mL 水中加入 80.0 g 氢氧化钠(NaOH)，溶解后再加水定容至200 mL。

5.4 500 mmol/L 乙二铵四乙酸二钠溶液(pH 8.0)：称取 18.6 g 乙二铵四乙酸二钠($EDTA-Na_2$)，加

入 70 mL 水中，再加入适量氢氧化钠溶液(5.3)，加热至完全溶解后，冷却至室温，用氢氧化钠溶液(5.3)调 pH 至 8.0，加水定容至 100 mL。在 103.4 kPa(121℃)条件下灭菌 20 min。

5.5　1 mol/L 三羟甲基氨基甲烷—盐酸溶液(pH 8.0)：称取 121.1 g 三羟甲基氨基甲烷(Tris)溶解于 800 mL 水中，用盐酸调 pH 至 8.0，加水定容至 1 000 mL。在 103.4 kPa(121℃)条件下灭菌 20 min。

5.6　TE 缓冲液(pH 8.0)：分别量取 10 mL 三羟甲基氨基甲烷—盐酸溶液(5.5)和 2 mL 乙二铵四乙酸二钠溶液(5.4)，加水定容至 1 000 mL。在 103.4 kPa(121℃)条件下灭菌 20 min。

5.7　50×TAE 缓冲液：称取 242.2 g 三羟甲基氨基甲烷(Tris)，先用 300 mL 水加热搅拌溶解后，加 100 mL 乙二铵四乙酸二钠溶液(5.4)，用冰乙酸调 pH 至 8.0，然后加水定容到 1 000 mL。使用时用水稀释成 1×TAE。

5.8　加样缓冲液：称取 250.0 mg 溴酚蓝，加 10 mL 水，在室温下溶解 12 h；称取 250.0 mg 二甲基苯腈蓝，用 10 mL 水溶解；称取 50.0 g 蔗糖，用 30 mL 水溶解。混合以上三种溶液，加水定容至 100 mL，在 4℃下保存。

5.9　DNA 分子量标准：可以清楚地区分 50 bp～1 000 bp 的 DNA 片段。

5.10　dNTPs 混合溶液：将浓度为 10 mmol/L 的 dATP、dTTP、dGTP、dCTP 四种脱氧核糖核苷酸溶液等体积混合。

5.11　Taq DNA 聚合酶及 PCR 反应缓冲液。

5.12　引物。

5.12.1　***zSSIIb* 基因**

zSSIIb - F：5′- CGGTGGATGCTAAGGCTGATG - 3′

zSSIIb - R：5′- AAAGGGCCAGGTTCATTATCCTC - 3′

预期扩增片段大小为 88 bp。

5.12.2　**59122 转化体特异性序列**

59122 - F：5′- CGTCCGCAATGTGTTATTAAG - 3′

59122 - R：5′- TGACCAAGTGTCCACTTGAC - 3′

预期扩增片段大小为 273 bp。

5.13　引物溶液：用 TE 缓冲液(5.6)分别将上述引物稀释到 10 μmol/L。

5.14　石蜡油。

5.15　PCR 产物回收试剂盒。

5.16　DNA 提取试剂盒。

6　仪器

6.1　分析天平：感量 0.1 g 和 0.1 mg。

6.2　PCR 扩增仪：升降温速度＞1.5℃/s，孔间温度差异＜1.0℃。

6.3　电泳槽、电泳仪等电泳装置。

6.4　紫外透射仪。

6.5　凝胶成像系统或照相系统。

6.6　重蒸馏水发生器或超纯水仪。

6.7　其他相关仪器和设备。

7　操作步骤

7.1　抽样

按NY/T 672和NY/T 673的规定执行。

7.2 制样

按NY/T 672和NY/T 673的规定执行。

7.3 试样预处理

按NY/T 674的规定执行。

7.4 DNA模板制备

按NY/T 674的规定执行，或使用经验证适用于玉米DNA提取与纯化的DNA提取试剂盒。

7.5 PCR反应

7.5.1 试样PCR反应

7.5.1.1 每个试样PCR反应设置3次重复。

7.5.1.2 在PCR反应管中按表1依次加入反应试剂，混匀，再加25 μL石蜡油(有热盖设备的PCR仪可不加)。

表1 PCR检测反应体系

试剂	终浓度	体积
水		—
10×PCR缓冲液	1×	2.5 μL
25 mmol/L氯化镁	1.5 mmol/L	1.5 μL
dNTPs混合溶液(各2.5 mmol/L)	各0.2 mmol/L	2.0 μL
10 μmol/L上游引物	0.4 μmol/L	1.0 μL
10 μmol/L下游引物	0.4 μmol/L	1.0 μL
Taq酶	0.025 U/μL	—
25 mg/L DNA模板	2 mg/L	2.0 μL
总体积		25.0 μL

注1：根据Taq酶的浓度确定其体积，并相应调整水的体积，使反应体系总体积达到25.0 μL。如果PCR缓冲液中含有氯化镁，则不加氯化镁溶液，加等体积水。

注2：玉米内标准基因PCR检测反应体系中，上、下游引物分别为zSSIIb-F和zSSIIb-R；59122转化体PCR检测反应体系中，上、下游引物分别为59122-F和59122-R。

7.5.1.3 将PCR管放在离心机上，500 g～3 000 g离心10 s，然后取出PCR管，放入PCR仪中。

7.5.1.4 进行PCR反应。反应程序为：95℃变性5 min；94℃变性30 s，58℃退火30 s，72℃延伸30 s，共进行35次循环；72℃延伸7 min。

7.5.1.5 反应结束后取出PCR管，对PCR反应产物进行电泳检测。

7.5.2 对照PCR反应

在试样PCR反应的同时，应设置阴性对照、阳性对照和空白对照。

以非转基因玉米材料中提取的DNA作为阴性对照；以转基因玉米59122质量分数为0.1%～1.0%的玉米基因组DNA作为阳性对照；以水作为空白对照。

各对照PCR反应体系中，除模板外，其余组分及PCR反应条件与7.5.1相同。

7.6 PCR产物电泳检测

按20 g/L的质量浓度称取琼脂糖，加入1×TAE缓冲液中，加热溶解，配制成琼脂糖溶液。每100 mL琼脂糖溶液中加入5 μL EB溶液，混匀，稍适冷却后，将其倒入电泳板上，插上梳板，室温下凝固成凝胶后，放入1×TAE缓冲液中，垂直向上轻轻拔去梳板。取12 μL PCR产物与3 μL加样缓冲液混合后加入点样孔中，同时在其中一个点样孔中加入DNA分子量标准，接通电源在2 V/cm～5 V/cm条件下电泳检测。

7.7 凝胶成像分析

电泳结束后，取出琼脂糖凝胶，置于凝胶成像仪或紫外透射仪上成像。根据 DNA 分子量标准估计扩增条带的大小，将电泳结果形成电子文件存档或用照相系统拍照。如需通过序列分析确认 PCR 扩增片段是否为目的 DNA 片段，按照 7.8 和 7.9 的规定执行。

7.8 PCR 产物回收

按 PCR 产物回收试剂盒说明书，回收 PCR 扩增的 DNA 片段。

7.9 PCR 产物测序验证

将回收的 PCR 产物克隆测序，与 59122 转化体特异性序列(参见附录 A)进行比对，确定 PCR 扩增的 DNA 片段是否为目的 DNA 片段。

8 结果分析与表述

8.1 对照样品结果分析

阳性对照 PCR 反应中，*zSSIIb* 内标准基因和转化体特异性序列均得到扩增，且扩增片段大小与预期片段大小一致，而阴性对照中仅扩增出 *zSSIIb* 基因片段，空白对照中没有任何扩增片段，表明 PCR 反应体系正常工作，否则重新检测。

8.2 试样检测结果分析和表述

8.2.1 *zSSIIb* 内标准基因和转化体特异性序列均得到扩增，且扩增片段大小与预期片段大小一致，表明样品中检测出转基因抗虫耐除草剂玉米 59122 转化体成分，结果表述为“样品中检测出转基因抗虫耐除草剂玉米 59122 转化体成分，检测结果为阳性”。

8.2.2 *zSSIIb* 内标准基因片段得到扩增，且扩增片段大小与预期片段大小一致，而转化体特异性序列未得到扩增，或扩增片段大小与预期片段大小不一致，表明样品中未检测出转基因抗虫耐除草剂玉米 59122 转化体成分，结果表述为“样品中未检测出转基因抗虫耐除草剂玉米 59122 转化体成分，检测结果为阴性”。

8.2.3 *zSSIIb* 内标准基因片段未得到扩增，或扩增片段大小与预期片段大小不一致，表明样品中未检测出玉米成分，表述为“样品中未检测出玉米成分，检测结果为阴性”。

附 录 A
(资料性附录)
59122 转化体特异性序列

1 CGTCCGCAAT GTGTTATTAA GTTGTCTAAG CGTCAATTTT TCCCTTCTAT
51 GGTCCCGTTT GTTTATCCTC TAAATTATAT AATCCAGCTT AAATAAGTTA
101 AGAGACAAAC AAACAACACA GATTATTAAA TAGATTATGT AATCTAGATA
151 CCTAGATTAT GTAATCCATA AGTAGAATAT CAGGTGCTTA TATAATCTAT
201 GAGCTCGATT ATATAATCTT AAAAGAAAAC AAACAGAGCC CCTATAAAAA
251 GGGGTCAAGT GGACACTTGG TCA

注:划线部分为引物序列。

ICS 65.020.01
B 04

中华人民共和国国家标准

农业部1485号公告—10—2010

转基因植物及其产品成分检测 耐除草剂棉花LLcotton25及其衍生品种定性PCR方法

Detection of genetically modified plants and derived products—Qualitative PCR method for herbicide-tolerant cotton LLcotton25 and its derivates

2010-11-15发布　　　　2011-01-01实施

中华人民共和国农业部　发布

前　言

本标准按照 GB/T 1.1—2009 给出的规则起草。

本标准由中华人民共和国农业部科技教育司提出。

本标准由全国农业转基因生物安全管理标准化技术委员会(SAC/TC 276)归口。

本标准起草单位:农业部科技发展中心、中国农业科学院植物保护研究所。

本标准主要起草人:张永军、刘信、谢家建、厉建萌、李飞武。

转基因植物及其产品成分检测
耐除草剂棉花 LLcotton25 及其衍生品种定性 PCR 方法

1 范围

本标准规定了转基因耐除草剂棉花 LLcotton25 转化体特异性的定性 PCR 检测方法。

本标准适用于转基因耐除草剂棉花 LLcotton25 及其衍生品种，以及制品中 LLcotton25 转化体成分的定性 PCR 检测。

2 规范性引用文件

下列文件对于本文件的应用是必不可少的。凡是注日期的引用文件，仅注日期的版本适用于本文件。凡是不注日期的引用文件，其最新版本(包括所有的修改单)适用于本文件。

GB/T 6682 分析实验室用水规格和试验方法

NY/T 672 转基因植物及其产品检测 通用要求

NY/T 673 转基因植物及其产品检测 抽样

NY/T 674 转基因植物及其产品检测 DNA 提取和纯化

3 术语和定义

下列术语和定义适用于本文件。

3.1

***Sad1* 基因 *Sad1* gene**

编码棉花硬脂酰—酰基载体蛋白脱饱和酶(stearoyl-acyl carrier protein desaturase)的基因。

3.2

LLcotton25 转化体特异性序列 event-specific sequence of LLcotton25

外源插入片段 5′端与棉花基因组的连接区序列，包括棉花基因组的部分序列和 CaMV 35S 启动子部分序列。

4 原理

根据转基因耐除草剂棉花 LLcotton25 转化体特异性序列设计特异性引物，对试样进行 PCR 扩增。依据是否扩增获得预期 309 bp 的 DNA 片段，判断样品中是否含有 LLcotton25 转化体成分。

5 试剂和材料

除非另有说明，仅使用分析纯试剂和重蒸馏水或符合 GB/T 6682 规定的一级水。

5.1 琼脂糖。

5.2 10 g/L 溴化乙锭溶液：称取 1.0 g 的溴化乙锭(EB)，溶解于 100 mL 水中，避光保存。

注：溴化乙锭有致癌作用，配制和使用时宜戴一次性手套操作并妥善处理废液。

5.3 10 mol/L 氢氧化钠溶液：在 160 mL 水中加入 80.0 g 氢氧化钠(NaOH)，溶解后再加水定容至200 mL。

5.4 500 mmol/L 乙二铵四乙酸二钠溶液(pH 8.0)：称取 18.6 g 乙二铵四乙酸二钠($EDTA\text{-}Na_2$)，加

入 70 mL 水中，再加入适量氢氧化钠溶液(5.3)，加热至完全溶解后，冷却至室温，用氢氧化钠溶液(5.3)调 pH 至 8.0，加水定容至 100 mL。在 103.4 kPa(121℃)条件下灭菌 20 min。

5.5 1 mol/L 三羟甲基氨基甲烷—盐酸溶液(pH 8.0)：称取 121.1 g 三羟甲基氨基甲烷(Tris)溶解于 800 mL 水中，用盐酸调 pH 至 8.0，加水定容至 1 000 mL。在 103.4 kPa(121℃)条件下灭菌 20 min。

5.6 TE 缓冲液(pH 8.0)：分别量取 10 mL 三羟甲基氨基甲烷—盐酸溶液(5.5)和 2 mL 乙二铵四乙酸二钠溶液(5.4)，加水定容至 1 000 mL。在 103.4 kPa(121℃)条件下灭菌 20 min。

5.7 50×TAE 缓冲液：称取 242.2 g 三羟甲基氨基甲烷(Tris)，先用 300 mL 水加热搅拌溶解后，加入 100 mL 乙二铵四乙酸二钠溶液(5.4)，用冰乙酸调 pH 至 8.0，然后加水定容至 1 000 mL。使用时用水稀释成 1×TAE。

5.8 加样缓冲液：称取 250.0 mg 溴酚蓝，加 10 mL 水，在室温下溶解 12 h；称取 250.0 mg 二甲基苯腈蓝，用 10 mL 水溶解；称取 50.0 g 蔗糖，用 30 mL 水溶解。混合以上三种溶液，加水定容至 100 mL，在 4℃下保存。

5.9 1 mol/L 三羟甲基氨基甲烷—盐酸溶液(pH 7.5)：称取 121.1 g 三羟甲基氨基甲烷(Tris)溶解于 800 mL 水中，用盐酸调 pH 至 7.5，用水定容至 1 000 mL。在 103.4 kPa(121℃)条件下灭菌 20 min。

5.10 苯酚—氯仿—异戊醇溶液(25+24+1)。

5.11 氯仿—异戊醇溶液(24+1)。

5.12 5 mol/L 氯化钠溶液：称取 292.2 g 氯化钠(NaCl)，溶解于 800 mL 水中，加水定容至 1 000 mL，在 103.4 kPa(121℃)条件下灭菌 20 min。

5.13 10 g/L RNase A：称取 10 mg 胰 RNA 酶(RNase A)溶解于 987 μL 水中，然后加入 10 μL 三羟甲基氨基甲烷—盐酸溶液(5.9)和 3 μL 氯化钠溶液(5.12)，于 100℃水浴中保温 15 min，缓慢冷却至室温，分装成小份保存于－20℃。

5.14 异丙醇。

5.15 3 mol/L 乙酸钠(pH 5.6)：称取 408.3 g 三水乙酸钠溶解于 800 mL 水中，用冰乙酸调 pH 至 5.6，用水定容至 1 000 mL。在 103.4 kPa(121℃)条件下灭菌 20 min。

5.16 体积分数为 70%的乙醇溶液。

5.17 抽提缓冲液：在 600 mL 水中加入 69.3 g 葡萄糖，20 g 聚乙烯吡咯烷酮(PVP，K30)，1 g 二乙胺基二硫代甲酸钠(DIECA)，充分溶解，然后加入 100 mL 三羟甲基氨基甲烷—盐酸溶液(5.9)，10 mL 乙二铵四乙酸二钠溶液(5.4)，加水定容至 1 000 mL，4℃保存，使用时加入体积分数为 0.2%的 β-巯基乙醇。

5.18 裂解缓冲液：在 600 mL 水中加入 81.7 g 氯化钠，20 g 十六烷基三甲基溴化铵(CTAB)，20 g 聚乙烯吡咯烷酮(PVP，K30)，1 g 二乙胺基二硫代甲酸钠(DIECA)，充分溶解，然后加入 100 mL 三羟甲基氨基甲烷—盐酸溶液(5.9)，4 mL 乙二铵四乙酸二钠溶液(5.4)，加水定容至 1 000 mL，室温保存，使用时加入体积分数为 0.2%的 β-巯基乙醇。

5.19 DNA 分子量标准：可以清楚地区分 50 bp～1 000 bp 的 DNA 片段。

5.20 dNTPs 混合溶液：将浓度为 10 mmol/L 的 dATP、dTTP、dGTP、dCTP 四种脱氧核糖核苷酸溶液等体积混合。

5.21 Taq DNA 聚合酶及 PCR 反应缓冲液。

5.22 植物 DNA 提取试剂盒。

5.23 引物。

5.23.1 ***Sad1* 基因**

s-F：5′-CCAAAGGAGGTGCCTGTTCA-3′

s-R：5′-TTGAGGTGAGTCAGAATGTTGTTC-3′

预期扩增片段大小为 107 bp。

5.23.2 **LLcotton25 转化体特异性序列**

25-F:5′-CAAGGAACTATTCAACTGAG-3′

25-R:5′-CAACCTGTCTGTTTGCTGAC-3′

预期扩增片段大小为 309 bp。

5.24 引物溶液:用 TE 缓冲液(5.6)分别将上述引物稀释到 10 μmol/L。

5.25 石蜡油。

5.26 PCR 产物回收试剂盒。

6 仪器

6.1 分析天平:感量 0.1 g 和 0.1 mg。

6.2 PCR 扩增仪:升降温速度>1.5℃/s,孔间温度差异<1.0℃。

6.3 电泳槽、电泳仪等电泳装置。

6.4 紫外透射仪。

6.5 凝胶成像系统或照相系统。

6.6 重蒸馏水发生器或超纯水仪。

6.7 其他相关仪器和设备。

7 操作步骤

7.1 抽样

按 NY/T 672 和 NY/T 673 的规定执行。

7.2 制样

按 NY/T 672 和 NY/T 673 的规定执行。

7.3 试样预处理

按 NY/T 674 的规定执行。

7.4 DNA 模板制备

按 NY/T 674 的规定制定,或使用经验证适用于棉花及其产品 DNA 提取与纯化的 DNA 提取试剂盒,或按下述方法执行。DNA 模板制备时设置不加任何试样的空白对照。

称取 200 mg 经预处理的试样,在液氮中充分研磨后装入液氮预冷的 1.5 mL 或 2 mL 离心管中(不需研磨的试样直接加入)。加入 1 mL 预冷至 4℃的抽提缓冲液,剧烈摇动混匀后,在冰上静置 5 min,4℃条件下 10 000 g 离心 15 min,弃上清液。加入 600 μL 预热到 65℃的裂解缓冲液,充分重悬沉淀,在 65℃恒温保持 40 min,期间颠倒混匀 5 次。10 000 g 离心 10 min,取上清液转至另一新离心管中。加入 5 μL RNase A,37℃恒温保持 30 min。分别用等体积苯酚—氯仿—异戊醇溶液和氯仿—异戊醇溶液各抽提一次。10 000 g 离心 10 min,取上清液转至另一新离心管中。加入 2/3 体积异丙醇和 1/10 体积乙酸钠溶液,−20℃放置 2 h～3 h。在 4℃条件下,10 000 g 离心 15 min,弃上清液,用体积分数为 70%的乙醇溶液洗涤沉淀一次,倒出乙醇溶液,晾干沉淀。加入 50 μL TE 缓冲液溶解沉淀,所得溶液即为样品 DNA 溶液。

7.5 PCR 反应

7.5.1 试样 PCR 反应

7.5.1.1 每个试样 PCR 反应设置 3 次重复。

7.5.1.2 在 PCR 反应管中按表 1 依次加入反应试剂,混匀,再加 25 μL 石蜡油(有热盖设备的 PCR 仪可不加)。

表 1 PCR 反应体系

试 剂	终浓度	体 积
水		—
10×PCR 缓冲液	1×	2.5 μL
25 mmol/L 氯化镁	1.5 mmol/L	1.5 μL
dNTPs 混合溶液(各 2.5 mmol/L)	各 0.2 mmol/L	2.0 μL
10 μmol/L 上游引物	0.4 μmol/L	1.0 μL
10 μmol/L 下游引物	0.4 μmol/L	1.0 μL
Taq 酶	0.025 U/μL	—
25 mg/L DNA 模板	2 mg/L	2.0 μL
总体积		25.0 μL

注 1:根据 Taq 酶的浓度确定其体积,并相应调整水的体积,使反应体系总体积达到 25.0 μL。如果 PCR 缓冲液中含有氯化镁,则不加氯化镁溶液,加等体积水。

注 2:棉花内标准基因 PCR 检测反应体系中,上、下游引物分别为 s-F 和 s-R;LLcotton25 转化体 PCR 检测反应体系中,上、下游引物分别为 25-F 和 25-R。

7.5.1.3 将 PCR 管放入离心机上,500 g~3 000 g 离心 10 s,然后取出 PCR 管,放入 PCR 仪中。

7.5.1.4 进行 PCR 反应。反应程序为:95℃变性 5 min;94℃变性 30 s,55℃退火 30 s,72℃延伸 30 s,共进行 35 次循环;72℃延伸 7 min。

7.5.1.5 反应结束后取出 PCR 管,对 PCR 反应产物进行电泳检测。

7.5.2 对照 PCR 反应

在试样 PCR 反应的同时,应设置阴性对照、阳性对照和空白对照。

以非转基因棉花材料中提取的 DNA 作为阴性对照;以转基因棉花 LLcotton25 质量分数为 0.1%~1.0%的棉花基因组 DNA 作为阳性对照板;以水作为空白对照。

各对照 PCR 反应体系中,除模板外,其余组分及 PCR 反应条件与 7.5.1 相同。

7.6 PCR 产物电泳检测

按 20 g/L 的质量浓度称取琼脂糖,加入 1×TAE 缓冲液中,加热溶解,配制成琼脂糖溶液。每 100 mL琼脂糖溶液中加入 5 μL EB 溶液,混匀,适当冷却后,将其倒入电泳板上,插上梳板,室温下凝固成凝胶后,放入 1×TAE 缓冲液中,垂直向上轻轻拔去梳板。取 12 μL PCR 产物与 3 μL 加样缓冲液混合后加入点样孔中,同时在其中一个点样孔中加入 DNA 分子量标准,接通电源在 2 V/cm~5 V/cm 条件下电泳检测。

7.7 凝胶成像分析

电泳结束后,取出琼脂糖凝胶,置于凝胶成像仪或紫外透射仪上成像。根据 DNA 分子量标准估计扩增条带的大小,将电泳结果形成电子文件存档或用照相系统拍照。如需通过序列分析确认 PCR 扩增片段是否为目的 DNA 片段,按照 7.8 和 7.9 的规定执行。

7.8 PCR 产物回收

按 PCR 产物回收试剂盒说明书,回收 PCR 扩增的 DNA 片段。

7.9 PCR 产物测序验证

将回收的 PCR 产物克隆测序,与 LLcotton25 转化体特异性序列(参见附录 A)进行比对,确定 PCR 扩增的 DNA 片段是否为目的 DNA 片段。

8 结果分析与表述

8.1 对照检测结果分析

阳性对照 PCR 反应中，*Sad1* 内标准基因和 LLcotton25 转化体特异性序列均得到扩增，且扩增片段大小与预期片段大小一致，而阴性对照中仅扩增出 *Sad1* 基因片段，空白对照中没有任何扩增片段，表明 PCR 反应体系正常工作，否则重新检测。

8.2 样品检测结果分析和表述

8.2.1 *Sad1* 内标准基因和 LLcotton25 转化体特异性序列均得到扩增，且扩增片段大小与预期片段大小一致，表明样品中检测出转基因耐除草剂棉花 LLcotton25 转化体成分，结果表述为“样品中检测出转基因耐除草剂棉花 LLcotton25 转化体成分，检测结果为阳性”。

8.2.2 *Sad1* 内标准基因片段得到扩增，且扩增片段大小与预期片段大小一致，而 LLcotton25 转化体特异性序列未得到扩增，或扩增片段大小与预期片段大小不一致，表明样品中未检测出转基因耐除草剂棉花 LLcotton25 转化体成分，结果表述为“样品中未检测出转基因耐除草剂棉花 LLcotton25 转化体成分，检测结果为阴性”。

8.2.3 *Sad1* 内标准基因片段未得到扩增，或扩增片段大小与预期片段大小不一致，表明样品中未检测出棉花成分，表述为“样品中未检测出棉花成分，检测结果为阴性”。

附 录 A
(资料性附录)
LLcotton25 转化体特异性序列

1 CAAGGAACTA TTCAACTGAG CTTAACAGTA CTCGGCCGTC GACCGCGGTA
51 CCCCGGAATT CCAATCCCAC AAAAATCTGA GCTTAACAGC ACAGTTGCTC
101 CTCTCAGAGC AGAATCGGGT ATTCAACACC CTCATATCAA CTACTACGTT
151 GTGTATAACG GTCCACATGC CGGTATATAC GATGACTGGG GTTGTACAAA
201 GGCGGCAACA AACGGCGTTC CCGGAGTTGC ACACAAGAAA TTTGCCACTA
251 TTACAGAGGC AAGAGCAGCA GCTGACGCGT ACACAACAAG TCAGCAAACA
301 GACAGGTTG

注:划线部分为引物序列。

ICS 65.020.01
B 04

中华人民共和国国家标准

农业部1485号公告—11—2010

转基因植物及其产品成分检测 抗虫转*Bt*基因棉花定性PCR方法

Detection of genetically modified plants and derived products—Qualitative PCR method for transgenic insect-resistant cotton with *Bt* gene

2010-11-15 发布　　2011-01-01 实施

中华人民共和国农业部　发布

前　　言

本标准按照 GB/T 1.1—2009 给出的规则起草。

本标准由中华人民共和国农业部科技教育司提出。

本标准由全国农业转基因生物安全管理标准化技术委员会(SAC/TC 276)归口。

本标准起草单位:农业部科技发展中心、山东省农业科学院、南京农业大学、中国农业科学院棉花研究所。

本标准主要起草人:孙红炜、沈平、周宝良、武海斌、厉建萌、王鹏、崔金杰、孙廷林、金芜军、师勇强。

转基因植物及其产品成分检测
抗虫转 *Bt* 基因棉花定性 PCR 方法

1 范围

本标准规定了抗虫转 *Bt* 基因棉花的定性 PCR 检测方法。

本标准适用于抗虫转 *Bt* 基因棉花及其产品中 *cry1Ac* 基因或 *cry1Ab* 基因或 *cry1Ab*/*cry1Ac* 融合基因的定性 PCR 检测。

2 规范性引用文件

下列文件对于本文件的应用是必不可少的。凡是注日期的引用文件,仅注日期的版本适用于本文件。凡是不注日期的引用文件,其最新版本(包括所有的修改单)适用于本文件。

GB/T 6682 分析实验室用水规格和试验方法

NY/T 672 转基因植物及其产品检测 通用要求

NY/T 673 转基因植物及其产品检测 抽样

NY/T 674 转基因植物及其产品检测 DNA 提取和纯化

3 术语和定义

下列术语和定义适用于本文件。

3.1

***Sad1* 基因 *Sad1* gene**

编码棉花硬脂酰—酰基载体蛋白脱饱和酶(stearoyl-acyl carrier protein desaturase)的基因。

3.2

抗虫转 *Bt* 基因棉花 transgenic insect-resistant cotton with *Bt*(*Bacillus thuringiensis*) gene

通过基因工程技术将外源 *cry1Ac* 基因或 *cry1Ab* 基因或 *cry1Ab*/*cry1Ac* 融合基因导入棉花而培育出的抗虫棉花。

4 原理

根据转 *Bt* 基因抗虫棉花中 *cry1Ac* 基因或 *cry1Ab* 基因或 *cry1Ab*/*cry1Ac* 融合基因序列设计特异性引物,对试样进行 PCR 扩增。依据是否扩增获得预期 301 bp 的 DNA 片段,判断样品中是否含有转 *Bt* 基因抗虫棉花成分。

5 试剂和材料

除非另有说明,仅使用分析纯试剂和重蒸馏水或符合 GB/T 6682 规定的一级水。

5.1 琼脂糖。

5.2 10 g/L 溴化乙锭溶液:称取 1.0 g 溴化乙锭(EB),溶于 100 mL 水中,避光保存。

注:溴化乙锭有致癌作用,配制和使用时宜戴一次性手套操作并妥善处理废液。

5.3 10 mol/L 氢氧化钠溶液:在 160 mL 水中加入 80.0 g 氢氧化钠(NaOH),溶解后再加水定容至200 mL。

5.4　500 mmol/L 乙二铵四乙酸二钠溶液(pH 8.0)：称取 18.6 g 乙二铵四乙酸二钠(EDTA-Na_2)，加入 70 mL 水中，再加入适量氢氧化钠溶液(5.3)，加热至完全溶解后，冷却至室温，再用氢氧化钠溶液(5.3)调 pH 至 8.0，加水定容至 100 mL。在 103.4 kPa(121℃)条件下灭菌 20 min。

5.5　1 mol/L 三羟甲基氨基甲烷—盐酸溶液(pH 8.0)：称取 121.1 g 三羟甲基氨基甲烷(Tris)溶解于 800 mL 水中，用盐酸(HCl)调 pH 至 8.0，加水定容至 1 000 mL。在 103.4 kPa(121℃)条件下灭菌 20 min。

5.6　TE 缓冲液(pH 8.0)：分别量取 10 mL 三羟甲基氨基甲烷—盐酸溶液(5.5)和 2 mL 乙二铵四乙酸二钠溶液(5.4)，加水定容至 1 000 mL。在 103.4 kPa(121℃)条件下灭菌 20 min。

5.7　50×TAE 缓冲液：称取 242.2 g 三羟甲基氨基甲烷(Tris)，先用 500 mL 水加热搅拌溶解后，加入 100 mL 乙二铵四乙酸二钠溶液(5.4)，用冰乙酸调 pH 至 8.0，然后加水定容到 1 000 mL。使用时用水稀释成 1×TAE。

5.8　加样缓冲液：称取 250.0 mg 溴酚蓝，加 10 mL 水，在室温下溶解 12 h；称取 250.0 mg 二甲基苯腈蓝，加 10 mL 水溶解；称取 50.0 g 蔗糖，加 30 mL 水溶解。混合以上三种溶液，加水定容至 100 mL，在 4℃下保存。

5.9　1 mol/L 三羟甲基氨基甲烷—盐酸溶液(pH 7.5)：称取 121.1 g 三羟甲基氨基甲烷(Tris)溶解于 800 mL 水中，用盐酸(HCl)调 pH 至 7.5，加水定容至 1 000 mL。在 103.4 kPa(121℃)条件下灭菌 20 min。

5.10　平衡酚—氯仿—异戊醇溶液(25+24+1)。

5.11　氯仿—异戊醇溶液(24+1)。

5.12　5 mol/L 氯化钠溶液：称取 292.2 g 氯化钠，溶解于 800 mL 水中，加水定容至 1 000 mL，在 103.4 kPa(121℃)条件下灭菌 20 min。

5.13　10 mg/mL RNase A：称取 10 mg 胰 RNA 酶(RNase A)溶解于 987 μL 水中，然后加入 10 μL 三羟甲基氨基甲烷—盐酸溶液(5.9)和 3 μL 氯化钠溶液(5.12)，于 100℃水浴中保温 15 min，缓慢冷却至室温，分装成小份保存于−20℃。

5.14　异丙醇。

5.15　3 mol/L 乙酸钠(pH 5.6)：称取 408.3 g 三水乙酸钠溶解于 800 mL 水中，用冰乙酸调 pH 至 5.6，加水定容至 1 000 mL。在 103.4 kPa(121℃)条件下灭菌 20 min。

5.16　体积分数为 70%的乙醇溶液。

5.17　抽提缓冲液：在 600 mL 水中加入 69.3 g 葡萄糖，20 g 聚乙烯吡咯烷酮(PVP，K30)，1 g 二乙胺基二硫代甲酸钠(DIECA)，充分溶解，然后加入 100 mL 三羟甲基氨基甲烷—盐酸溶液(5.9)，10 mL 乙二铵四乙酸二钠溶液(5.4)，加水定容至 1 000 mL，4℃保存，使用时加入体积分数为 0.2%的 β-巯基乙醇。

5.18　裂解缓冲液：在 600 mL 水中加入 81.7 g 氯化钠，20 g 十六烷基三甲基溴化铵(CTAB)，20 g 聚乙烯吡咯烷酮(PVP，K30)，1 g 二乙胺基二硫代甲酸钠(DIECA)，充分溶解，然后加入 100 mL 三羟甲基氨基甲烷—盐酸溶液(5.9)，4 mL 乙二铵四乙酸二钠溶液(5.4)，加水定容至 1 000 mL，室温保存，使用时加入体积分数为 0.2%的 β-巯基乙醇。

5.19　DNA 分子量标准：可以清楚地区分 100 bp～1 000 bp 的 DNA 片段。

5.20　dNTPs 混合溶液：将浓度为 10 mmol/L 的 dATP、dTTP、dGTP、dCTP 四种脱氧核糖核苷酸溶液等体积混合。

5.21　Taq DNA 聚合酶及 PCR 反应缓冲液。

5.22　植物 DNA 提取试剂盒。

5.23　引物。

5.23.1 ***Sad1* 基因**

Sad1-F:5′-CCAAAGGAGGTGCCTGTTCA-3′

Sad1-R:5′-TTGAGGTGAGTCAGAATGTTGTTC-3′

预期扩增片段大小为 107 bp。

5.23.2 ***Bt* 基因特异性序列**

Bt-F:5′-GAAGGTTTGAGCAATCTCTAC-3′

Bt-R:5′-CGATCAGCCTAGTAAGGTCGT-3′

预期扩增片段大小为 301 bp。

5.24 引物溶液:用 TE 缓冲液(5.6)分别将上述引物稀释到 10 μmol/L。

5.25 石蜡油。

5.26 PCR 产物回收试剂盒。

6 仪器

6.1 分析天平:感量 0.1 g 和 0.1 mg。

6.2 PCR 扩增仪:升降温速度>1.5℃/s,孔间温度差异<1.0℃。

6.3 电泳槽、电泳仪等电泳装置。

6.4 紫外透射仪。

6.5 凝胶成像系统或照相系统。

6.6 重蒸馏水发生器或超纯水仪。

6.7 其他相关仪器和设备。

7 操作步骤

7.1 抽样

按 NY/T 672 和 NY/T 673 的规定执行。

7.2 制样

按 NY/T 672 和 NY/T 673 的规定执行。

7.3 试样预处理

按 NY/T 674 的规定执行。

7.4 DNA 模板制备

按 NY/T 674 的规定执行,或使用经验证适用于棉花 DNA 提取与纯化的植物 DNA 提取试剂盒,或按下述方法执行。DNA 模板制备时设置不加任何试样的空白对照。

称取 200 mg 经预处理的试样,在液氮中充分研磨后装入液氮预冷的 1.5 mL 或 2 mL 离心管中(不需研磨的试样直接加入)。加入 1 mL 预冷至 4℃的抽提缓冲液,剧烈摇动混匀后,在冰上静置 5 min,4℃条件下 10 000 g 离心 15 min,弃上清液。加入 600 μL 预热到 65℃的裂解缓冲液,充分重悬沉淀,在 65℃恒温保持 40 min,期间颠倒混匀 5 次。10 000 g 离心 10 min,取上清液转至另一新离心管中。加入 5 μL RNase A,37℃恒温保持 30 min。分别用等体积平衡酚—氯仿—异戊醇溶液和氯仿—异戊醇溶液各抽提一次。10 000 g 离心 10 min,取上清液转至另一新离心管中。加入 2/3 体积异丙醇,1/10 体积乙酸钠溶液,−20℃放置 2 h~3 h。在 4℃条件下,10 000 g 离心 15 min,弃上清液,用 70%乙醇溶液洗涤沉淀一次,倒出乙醇溶液,晾干沉淀。加入 50 μL TE 缓冲液溶解沉淀,所得溶液即为样品 DNA 溶液。

7.5 PCR 反应

7.5.1 试样 PCR 反应

7.5.1.1 每个试样 PCR 反应设置 3 次重复。

7.5.1.2 在 PCR 反应管中按表 1 依次加入反应试剂，混匀，再加 25 μL 石蜡油（有热盖设备的 PCR 仪可不加）。

表 1 PCR 检测反应体系

试 剂	终浓度	体 积
水		—
10×PCR 缓冲液	1×	2.5 μL
25 mmol/L 氯化镁溶液	2.5 mmol/L	2.5 μL
dNTPs 混合溶液（各 2.5 mmol/L）	各 0.2 mmol/L	2 μL
10 μmol/L 上游引物	0.4 μmol/L	1 μL
10 μmol/L 下游引物	0.4 μmol/L	1 μL
Taq 酶	0.05 U/μL	—
25 mg/L DNA 模板	2 mg/L	2.0 μL
总体积		25.0 μL

注 1：根据 Taq 酶的浓度确定其体积，并相应调整水的体积，使反应体系总体积达到 25.0 μL。如果 PCR 缓冲液中含有氯化镁，则不加氯化镁溶液，加等体积水。

注 2：棉花内标准基因 PCR 检测反应体系中，上、下游引物分别为 Sad1-F 和 Sad1-R；转 *Bt* 基因棉花特异性 PCR 检测反应体系中，上、下游引物分别为 Bt-F 和 Bt-R。

7.5.1.3 将 PCR 管放在离心机上，500 g～3 000 g 离心 10 s，然后取出 PCR 管，放入 PCR 仪中。

7.5.1.4 进行 PCR 反应。反应程序为：95℃变性 5 min；94℃变性 1 min，56℃退火 30 s，72℃延伸 30 s，共进行 35 次循环；72℃延伸 7 min。

7.5.1.5 反应结束后取出 PCR 管，对 PCR 反应产物进行电泳检测。

7.5.2 对照 PCR 反应

在试样 PCR 反应的同时，应设置阴性对照、阳性对照和空白对照。

以非转基因棉花材料提取的 DNA 作为阴性对照；以转 *Bt* 基因棉花质量分数为 0.1%～1.0%的棉花 DNA 作为阳性对照；以水作为空白对照。

各对照 PCR 反应体系中，除模板外，其余组分及 PCR 反应条件与 7.5.1 相同。

7.6 PCR 产物电泳检测

按 20 g/L 的质量浓度称取琼脂糖，加入 1×TAE 缓冲液中，加热溶解，配制成琼脂糖溶液。每 100 mL琼脂糖溶液中加入 5 μL EB 溶液，混匀，稍适冷却后，将其倒入电泳板上，插上梳板，室温下凝固成凝胶后，放入 1×TAE 缓冲液中，垂直向上轻轻拔去梳板。取 12 μL PCR 产物与 3 μL 加样缓冲液混合后加入凝胶点样孔中，同时在其中一个点样孔中加入 DNA 分子量标准，接通电源在 2 V/cm～5 V/cm条件下电泳检测。

7.7 凝胶成像分析

电泳结束后，取出琼脂糖凝胶，置于凝胶成像仪或紫外透射仪上成像。根据 DNA 分子量标准估计扩增条带的大小，将电泳结果形成电子文件存档或用照相系统拍照。如需通过序列分析确认 PCR 扩增片段是否为目的 DNA 片段，按照 7.8 和 7.9 的规定执行。

7.8 PCR 产物回收

按 PCR 产物回收试剂盒说明书，回收 PCR 扩增的 DNA 片段。

7.9 PCR 产物测序验证

将回收的 PCR 产物克隆测序，与抗虫转 *Bt* 基因棉花基因特异性序列（参见附录 A）进行比对，确定 PCR 扩增的 DNA 片段是否为目的 DNA 片段。

8 结果分析与表述

8.1 对照检测结果分析

阳性对照 PCR 反应中,*Sad1* 内标准基因和 *Bt* 基因特异性序列均得到扩增,且扩增片段大小与预期片段大小一致,而阴性对照中仅扩增出 *Sad1* 基因片段,空白对照中没有任何扩增片段,表明 PCR 反应体系正常工作,否则重新检测。

8.2 样品检测结果分析和表述

8.2.1 *Sad1* 内标准基因和抗虫转 *Bt* 基因棉花特异性序列均得到扩增,且扩增片段大小与预期片段大小一致,表明样品中检测出 *Sad1* 基因和 *Bt* 基因。对于棉花及以棉花为唯一原料的产品,结果表述为"样品中检测出抗虫转 *Bt* 基因棉花成分";对于混合原料产品,结果表述为"样品中检测出 *Bt* 基因",需要进一步对加工原料进行检测确认。

8.2.2 *Sad1* 内标准基因片段得到扩增,且扩增片段大小与预期片段大小一致,而抗虫转 *Bt* 基因棉花特异性序列未得到扩增,或扩增片段大小与预期片段大小不一致,表明样品中未检测出抗虫转 *Bt* 基因棉花,结果表述为"样品中未检出抗虫转 *Bt* 基因棉花成分,检测结果为阴性"。

8.2.3 *Sad1* 内标准基因片段未得到扩增,或扩增片段大小与预期片段大小不一致,表明样品中未检出 *Sad1* 基因,结果表述为"样品中未检出棉花成分,检测结果为阴性"。

附 录 A
（资料性附录）
抗虫转 *Bt* 基因棉花基因特异性序列

1 GAAGGTTTGA GCAATCTCTA CCAAATCTAT GCAGAGAGCT TCAGAGAGTG
51 GGAAGCCGAT CCTACTAACC CAGCTCTCCG CGAGGAAATG CGTATTCAAT
101 TCAACGACAT GAACAGCGCC TTGACCACAG CTATCCCATT GTTCGCAGTC
151 CAGAACTACC AAGTTCCTCT CTTGTCCGTG TACGTTCAAG CAGCTAATCT
201 TCACCTCAGC GTGCTTCGAG ACGTTAGCGT GTTTGGGCAA AGGTGGGGAT
251 TCGATGCTGC AACCATCAAT AGCCGTTACA ACGACCTTAC TAGGCTGATC
301 G

注：划线部分为 *Bt* 基因特异性引物序列。

ICS 65.020.01
B 04

中华人民共和国国家标准

农业部1485号公告—12—2010

转基因植物及其产品成分检测 耐除草剂棉花MON88913及其衍生品种定性PCR方法

Detection of genetically modified plants and derived products—Qualitative PCR method for herbicide-tolerant cotton MON88913 and its derivates

2010-11-15 发布 2011-01-01 实施

中华人民共和国农业部 发布

前　言

本标准按照GB/T 1.1—2009给出的规则起草。

本标准由中华人民共和国农业部科技教育司提出。

本标准由全国农业转基因生物安全管理标准化技术委员会(SAC/TC 276)归口。

本标准起草单位:农业部科技发展中心、山东省农业科学院、中国农业科学院棉花研究所。

本标准主要起草人:路兴波、沈平、武海斌、韩伟、宋贵文、李凡、王鹏、崔金杰。

转基因植物及其产品成分检测
耐除草剂棉花 MON88913 及其衍生品种定性 PCR 方法

1 范围

本标准规定了转基因耐除草剂棉花 MON88913 转化体特异性的定性 PCR 检测方法。

本标准适用于转基因耐除草剂棉花 MON88913 及其衍生品种，以及制品中 MON88913 转化体成分的定性 PCR 检测。

2 规范性引用文件

下列文件对于本文件的应用是必不可少的。凡是注日期的引用文件，仅注日期的版本适用于本文件。凡是不注日期的引用文件，其最新版本(包括所有的修改单)适用于本文件。

GB/T 6682 分析实验室用水规格和试验方法

NY/T 672 转基因植物及其产品检测 通用要求

NY/T 673 转基因植物及其产品检测 抽样

NY/T 674 转基因植物及其产品检测 DNA 提取和纯化

3 术语和定义

下列术语和定义适用于本文件。

3.1

***Sad1* 基因 *Sad1* gene**

编码棉花硬脂酰—酰基载体蛋白脱饱和酶(stearoyl-acyl carrier protein desaturase)的基因。

3.2

MON88913 转化体特异性序列 event-specific sequence of MON88913

转基因耐除草剂棉花 MON88913 的外源插入片段 3′端与棉花基因组的连接区序列，包括 3′端 E9 部分序列、质粒左边界序列和棉花基因组的部分序列。

4 原理

根据转基因耐除草剂棉花 MON88913 转化体特异性序列设计特异性引物，对试样进行 PCR 扩增。依据是否扩增获得预期 592 bp 的 DNA 片段，判断样品中是否含有 MON88913 转化体成分。

5 试剂和材料

除非另有说明，仅使用分析纯试剂和重蒸馏水或符合 GB/T 6682 规定的一级水。

5.1 琼脂糖。

5.2 10 g/L 溴化乙锭溶液：称取 1.0 g 溴化乙锭(EB)，溶于 100 mL 水中，避光保存。

注：溴化乙锭有致癌作用，配制和使用时宜戴一次性手套操作并妥善处理废液。

5.3 10 mol/L 氢氧化钠溶液：在 160 mL 水中加入 80.0 g 氢氧化钠(NaOH)，溶解后再加水定容至200 mL。

5.4 500 mmol/L 乙二铵四乙酸二钠溶液(pH 8.0)：称取 18.6 g 乙二铵四乙酸二钠($EDTA\text{-}Na_2$)，加

入70 mL水中，再加入适量氢氧化钠溶液(5.3)，加热至完全溶解后，冷却至室温，再用氢氧化钠溶液(5.3)调pH至8.0，加水定容至100 mL。在103.4 kPa(121℃)条件下灭菌20 min。

5.5 1 mol/L三羟甲基氨基甲烷—盐酸溶液(pH 8.0)：称取121.1 g三羟甲基氨基甲烷(Tris)溶解于800 mL水中，用盐酸(HCl)调pH至8.0，加水定容至1 000 mL。在103.4 kPa(121℃)条件下灭菌20 min。

5.6 TE缓冲液(pH 8.0)：分别量取10 mL三羟甲基氨基甲烷—盐酸溶液(5.5)和2 mL乙二铵四乙酸二钠溶液(5.4)，加水定容至1 000 mL。在103.4 kPa(121℃)条件下灭菌20 min。

5.7 50×TAE缓冲液：称取242.2 g三羟甲基氨基甲烷(Tris)，先用500 mL水加热搅拌溶解后，加入100 mL乙二铵四乙酸二钠溶液(5.4)，用冰乙酸调pH至8.0，然后加水定容到1 000 mL。使用时用水稀释成1×TAE。

5.8 加样缓冲液：称取250.0 mg溴酚蓝，加10 mL水，在室温下溶解12 h；称取250.0 mg二甲基苯腈蓝，加10 mL水溶解；称取50.0 g蔗糖，加30 mL水溶解。混合以上三种溶液，加水定容至100 mL，在4℃下保存。

5.9 1 mol/L三羟甲基氨基甲烷—盐酸溶液(pH 7.5)：称取121.1 g三羟甲基氨基甲烷(Tris)溶解于800 mL水中，用盐酸(HCl)调pH至7.5，加水定容至1 000 mL。在103.4 kPa(121℃)条件下灭菌20 min。

5.10 平衡酚—氯仿—异戊醇溶液(25+24+1)。

5.11 氯仿—异戊醇溶液(24+1)。

5.12 5 mol/L氯化钠溶液：称取292.2 g氯化钠，溶解于800 mL水中，加水定容至1 000 mL，在103.4 kPa(121℃)条件下灭菌20 min。

5.13 10 mg/mL RNase A：称取10 mg胰RNA酶(RNase A)溶解于987 μL水中，然后加入10 μL三羟甲基氨基甲烷—盐酸溶液(5.9)和3 μL氯化钠溶液(5.12)，于100℃水浴中保温15 min，缓慢冷却至室温，分装成小份保存于−20℃。

5.14 异丙醇。

5.15 3 mol/L乙酸钠(pH 5.6)：称取408.3 g三水乙酸钠溶解于800 mL水中，用冰乙酸调pH至5.6，加水定容至1 000 mL。在103.4 kPa(121℃)条件下灭菌20 min。

5.16 体积分数为70%的乙醇溶液。

5.17 抽提缓冲液：在600 mL水中加入69.3 g葡萄糖，20 g聚乙烯吡咯烷酮(PVP，K30)，1 g二乙胺基二硫代甲酸钠(DIECA)，充分溶解，然后加入100 mL三羟甲基氨基甲烷—盐酸溶液(5.9)，10 mL乙二铵四乙酸二钠溶液(5.4)，加水定容至1 000 mL，4℃保存，使用时加入体积分数为0.2%的β-巯基乙醇。

5.18 裂解缓冲液：在600 mL水中加入81.7 g氯化钠，20 g十六烷基三甲基溴化铵(CTAB)，20 g聚乙烯吡咯烷酮(PVP，K30)，1 g二乙胺基二硫代甲酸钠(DIECA)，充分溶解，然后加入100 mL三羟甲基氨基甲烷—盐酸溶液(5.9)，4 mL乙二铵四乙酸二钠溶液(5.4)，加水定容至1 000 mL，室温保存，使用时加入体积分数为0.2%的β-巯基乙醇。

5.19 DNA分子量标准：可以清楚地区分100 bp～1 000 bp的DNA片段。

5.20 dNTPs混合溶液：将浓度为10 mmol/L的dATP、dTTP、dGTP、dCTP四种脱氧核糖核苷酸溶液等体积混合。

5.21 Taq DNA聚合酶及PCR反应缓冲液。

5.22 植物DNA提取试剂盒。

5.23 引物。

5.23.1 ***Sad1*** **基因**

Sad1 - F：5′- CCAAAGGAGGTGCCTGTTCA - 3′

Sad1 - R：5′- TTGAGGTGAGTCAGAATGTTGTTC - 3′

预期扩增片段大小为 107 bp。

5.23.2 **MON88913 转化体特异性序列**

MON88913 - F：5′- TGTTACTGAATACAAGTATGTCCTC - 3′

MON88913 - R：5′- AGAGAAGCGAGACCTACAAGC - 3′

预期扩增片段大小为 592 bp。

5.24 引物溶液：用 TE 缓冲液(5.6)分别将上述引物稀释到 10 μmol/L。

5.25 石蜡油。

5.26 PCR 产物回收试剂盒。

6 仪器

6.1 分析天平：感量 0.1 g 和 0.1 mg。

6.2 PCR 扩增仪：升降温速度＞1.5℃/s，孔间温度差异＜1.0℃。

6.3 电泳槽、电泳仪等电泳装置。

6.4 紫外透射仪。

6.5 凝胶成像系统或照相系统。

6.6 重蒸馏水发生器或超纯水仪。

6.7 其他相关仪器和设备。

7 操作步骤

7.1 抽样

按 NY/T 672 和 NY/T 673 的规定执行。

7.2 制样

按 NY/T 672 和 NY/T 673 的规定执行。

7.3 试样预处理

按 NY/T 674 的规定执行。

7.4 DNA 模板制备

按 NY/T 674 的规定执行，或使用经验证适用于棉花 DNA 提取与纯化的植物 DNA 提取试剂盒，或按下述方法执行。DNA 模板制备时设置不加任何试样的空白对照。

称取 200 mg 经预处理的试样，在液氮中充分研磨后装入液氮预冷的 1.5 mL 或 2 mL 离心管中(不需研磨的试样直接加入)。加入 1 mL 预冷至 4℃的抽提缓冲液，剧烈摇动混匀后，在冰上静置 5 min，4℃条件下 10 000 g 离心 15 min，弃上清液。加入 600 μL 预热到 65℃的裂解缓冲液，充分重悬沉淀，在 65℃恒温保持 40 min，期间颠倒混匀 5 次。10 000 g 离心 10 min，取上清液转至另一新离心管中。加入 5 μL RNase A，37℃恒温保持 30 min。分别用等体积平衡酚—氯仿—异戊醇溶液和氯仿—异戊醇溶液各抽提一次。10 000 g 离心 10 min，取上清液转至另一新离心管中。加入 2/3 体积异丙醇，1/10 体积乙酸钠溶液，－20℃放置 2 h～3 h。在 4℃条件下，10 000 g 离心 15 min，弃上清液，用 70％乙醇溶液洗涤沉淀一次，倒出乙醇溶液，晾干沉淀。加入 50 μL TE 缓冲液溶解沉淀，所得溶液即为样品 DNA 溶液。

7.5 PCR 反应

7.5.1 试样 PCR 反应

7.5.1.1 每个试样 PCR 反应设置 3 次重复。

7.5.1.2 在 PCR 反应管中按表 1 依次加入反应试剂，混匀，再加 25 μL 石蜡油(有热盖设备的 PCR 仪可不加)。

表 1 PCR 检测反应体系

试 剂	终浓度	体 积
水		—
10×PCR 缓冲液	1×	2.5 μL
25 mmol/L 氯化镁溶液	2.5 mmol/L	2.5 μL
dNTPs 混合溶液(各 2.5 mmol/L)	各 0.2 mmol/L	2 μL
10 μmol/L 上游引物	0.4 μmol/L	1 μL
10 μmol/L 下游引物	0.4 μmol/L	1 μL
Taq 酶	0.05 U/μL	—
25 mg/L DNA 模板	2 mg/L	2.0 μL
总体积		25.0 μL
注 1：根据 Taq 酶的浓度确定其体积，并相应调整水的体积，使反应体系总体积达到 25.0 μL。如果 PCR 缓冲液中含有氯化镁，则不加氯化镁溶液，加等体积水。 注 2：棉花内标准基因 PCR 检测反应体系中，上、下游引物分别为 Sad1-F 和 Sad1-R；MON88913 转化体特异性 PCR 检测反应体系中，上、下游引物分别为 MON88913-F 和 MON88913-R。		

7.5.1.3 将 PCR 管放在离心机上，500 g～3 000 g 离心 10 s，然后取出 PCR 管，放入 PCR 仪中。

7.5.1.4 进行 PCR 反应。反应程序为：95℃变性 5 min；95℃变性 30 s，58℃退火 30 s，72℃延伸 45 s，共进行 38 次循环；72℃延伸 7 min。

7.5.1.5 反应结束后取出 PCR 管，对 PCR 反应产物进行电泳检测。

7.5.2 对照 PCR 反应

在试样 PCR 反应的同时，应设置阴性对照、阳性对照和空白对照。

以非转基因棉花材料提取的 DNA 作为阴性对照；以转基因棉花 MON88913 质量分数为 0.1%～1.0%的棉花 DNA 作为阳性对照；以水作为空白对照。

各对照 PCR 反应体系中，除模板外，其余组分及 PCR 反应条件与 7.5.1 相同。

7.6 PCR 产物电泳检测

按 20 g/L 的质量浓度称取琼脂糖，加入 1×TAE 缓冲液中，加热溶解，配制成琼脂糖溶液。每 100 mL琼脂糖溶液中加入 5 μL EB 溶液，混匀，稍适冷却后，将其倒入电泳板上，插上梳板，室温下凝固成凝胶后，放入 1×TAE 缓冲液中，垂直向上轻轻拔去梳板。取 12 μL PCR 产物与 3 μL 加样缓冲液混合后加入凝胶点样孔中，同时在其中一个点样孔中加入 DNA 分子量标准，接通电源在 2 V/cm～5 V/cm条件下电泳检测。

7.7 凝胶成像分析

电泳结束后，取出琼脂糖凝胶，置于凝胶成像仪或紫外透射仪上成像。根据 DNA 分子量标准估计扩增条带的大小，将电泳结果形成电子文件存档或用照相系统拍照。如需通过序列分析确认 PCR 扩增片段是否为目的 DNA 片段，按照 7.8 和 7.9 的规定执行。

7.8 PCR 产物回收

按 PCR 产物回收试剂盒说明书，回收 PCR 扩增的 DNA 片段。

7.9 PCR 产物测序验证

将回收的 PCR 产物克隆测序，与耐除草剂棉花 MON88913 转化体特异性序列(参见附录 A)进行比对，确定 PCR 扩增的 DNA 片段是否为目的 DNA 片段。

8 结果分析与表述

8.1 对照样品结果分析

阳性对照PCR反应中，*Sad1* 内标准基因和MON88913转化体特异性序列均得到扩增，且扩增片段大小与预期片段大小一致，而阴性对照中仅扩增出 *Sad1* 基因片段，空白对照中没有任何扩增，表明PCR反应体系正常工作，否则重新检测。

8.2 样品检测结果分析和表述

8.2.1 *Sad1* 内标准基因和MON88913转化体特异性序列均得到扩增，且扩增片段大小与预期片段大小一致，表明试样中检测出转基因耐除草剂棉花MON88913转化体成分，表述为“样品中检测出转基因耐除草剂棉花MON88913转化体成分，检测结果为阳性”。

8.2.2 *Sad1* 内标准基因片段得到扩增，且扩增片段大小与预期片段大小一致，而MON88913转化体特异性序列未得到扩增，或扩增片段大小与预期片段大小不一致，表明试样中未检测出转基因耐除草剂棉花MON88913转化体成分，表述为“样品中未检测出转基因耐除草剂棉花MON88913转化体成分，检测结果为阴性”。

8.2.3 *Sad1* 内标准基因片段未得到扩增，或扩增片段大小与预期片段大小不一致，表明试样中未检测出棉花成分，表述为“样品中未检测出棉花成分，检测结果为阴性”。

附 录 A
(资料性附录)
耐除草剂棉花 MON88913 转化体特异性序列

1 TGTTACTGAA TACAAGTATG TCCTCTTGTG TTTTAGACAT TTATGAACTT
51 TCCTTTATGT AATTTTCCAG AATCCTTGTC AGATTCTAAT CATTGCTTTA
101 TAATTATAGT TATACTCATG GATTTGTAGT TGAGTATGAA AATATTTTTT
151 AATGCATTTT ATGACTTGCC AATTGATTGA CAACATGCAT CAATCGACCT
201 GCAGCCACTC GAGTGGAGGC CTCATCTAAG CCCCCATTTG GACGTGAATG
251 TAGACACGTC GAAATAAAGA TTTCCGAATT AGAATAATTT GTTTATTGCT
301 TTCGCCTATA AATACGACGG ATCGTAATTT GTCGTTTTAT CAAAATGTAC
351 TTTCATTTTA TAATAACGCT GCGGACATCT ACATTTTTGA ATTGAAAAAA
401 AATTGGTAAT TACTCTTTCT TTTTCTCCAT ATTGACCATC ATACTCATTG
451 CTGATCCATG TAGATTTCCC GGACATGAAG CCATTTACAA TTGAATATAT
501 ATTACAAAGC TATTTGCTTA TAACATATGC GAAAAATTTT GTACTATAAT
551 CAGGGGTAAA TTTAGGAGGG GGCTTGTAGG TCTCGCTTCT CT

注:划线部分为耐除草剂棉花 MON88913 转化体特异性引物序列。

ICS 65.020.01
B 04

中华人民共和国国家标准

农业部1485号公告—13—2010

转基因植物及其产品成分检测 抗虫棉花MON15985及其衍生品种 定性PCR方法

Detection of genetically modified plants and derived products—Qualitative PCR method for insect-resistant cotton MON15985 and its derivates

2010-11-15 发布　　　　2011-01-01 实施

中华人民共和国农业部　发布

前　　言

本标准按照 GB/T 1.1—2009 给出的规则起草。

本标准由中华人民共和国农业部科技教育司提出。

本标准由全国农业转基因生物安全管理标准化技术委员会(SAC/TC 276)归口。

本标准起草单位:农业部科技发展中心、上海交通大学。

本标准主要起草人:杨立桃、宋贵文、张大兵、赵欣、李飞武、师勇强。

转基因植物及其产品成分检测
抗虫棉花 MON15985 及其衍生品种定性 PCR 方法

1 范围

本标准规定了转基因抗虫棉花 MON15985 转化体特异性的定性 PCR 检测方法。

本标准适用于转基因抗虫棉花 MON15985 及其衍生品种，以及制品中 MON15985 转化体成分的定性 PCR 检测。

2 规范性引用文件

下列文件对于本文件的应用是必不可少的。凡是注日期的引用文件，仅注日期的版本适用于本文件。凡是不注日期的引用文件，其最新版本(包括所有的修改单)适用于本文件。

GB/T 6682 分析实验室用水规格和试验方法

NY/T 672 转基因植物及其产品检测 通用要求

NY/T 673 转基因植物及其产品检测 抽样

NY/T 674 转基因植物及其产品检测 DNA 提取和纯化

3 术语和定义

下列术语和定义适用于本文件。

3.1

***Sad1* 基因 *Sad1* gene**

编码棉花硬脂酰—酰基载体蛋白脱饱和酶(stearoyl-acyl carrier protein desaturase)的基因。

3.2

MON15985 转化体特异性序列 event-specific sequence of MON15985

外源插入片段 5′端与棉花基因组的连接区序列，包括外源插入载体 5′端 CaMV 35S 启动子序列和棉花基因组的部分序列。

4 原理

根据转基因抗虫棉花 MON15985 转化体特异性序列设计特异性引物，对试样进行 PCR 扩增。依据是否扩增获得预期 175 bp 的特异性 DNA 片段，判断样品中是否含有 MON15985 转化体成分。

5 试剂和材料

除非另有说明，仅使用分析纯试剂和重蒸馏水或 GB/T 6682 规定的一级水。

5.1 琼脂糖。

5.2 10 g/L 溴化乙锭溶液：称取 1.0 g 溴化乙锭(EB)，溶于 100 mL 水中，避光保存。

注：溴化乙锭有致癌作用，配制和使用时宜戴一次性手套操作并妥善处理废液。

5.3 10 mol/L 氢氧化钠溶液：在 160 mL 水中加入 80.0 g 氢氧化钠(NaOH)，溶解后再加水定容至200 mL。

5.4 500 mmol/L 乙二铵四乙酸二钠溶液(pH 8.0)：称取 18.6 g 乙二铵四乙酸二钠($EDTA\text{-}Na_2$)，加

入 70 mL 水中，再加入适量氢氧化钠溶液(5.3)，加热至完全溶解后，冷却至室温，用氢氧化钠溶液(5.3)调 pH 至 8.0，加水定容至 100 mL。在 103.4 kPa(121℃)条件下灭菌 20 min。

5.5　1 mol/L 三羟甲基氨基甲烷—盐酸溶液(pH 8.0)：称取 121.1 g 三羟甲基氨基甲烷(Tris)溶解于 800 mL 水中，用盐酸调 pH 至 8.0，加水定容至 1 000 mL。在 103.4 kPa(121℃)条件下灭菌 20 min。

5.6　TE 缓冲液(pH 8.0)：分别量取 10 mL 三羟甲基氨基甲烷—盐酸溶液(5.5)和 2 mL 乙二铵四乙酸二钠溶液(5.4)，加水定容至 1 000 mL。在 103.4 kPa(121℃)条件下灭菌 20 min。

5.7　50×TAE 缓冲液：称取 242.2 g 三羟甲基氨基甲烷(Tris)，先用 300 mL 水加热搅拌溶解后，加 100 mL 乙二铵四乙酸二钠溶液(5.4)，用冰乙酸调 pH 至 8.0，然后加水定容到 1 000 mL。使用时用水稀释成 1×TAE。

5.8　加样缓冲液：称取 250.0 mg 溴酚蓝，加 10 mL 水，在室温下溶解 12 h；称取 250.0 mg 二甲基苯腈蓝，用 10 mL 水溶解；称取 50.0 g 蔗糖，用 30 mL 水溶解。混合以上三种溶液，加水定容至 100 mL，在 4℃下保存。

5.9　1 mol/L 三羟甲基氨基甲烷—盐酸溶液(pH 7.5)：称取 121.1 g 三羟甲基氨基甲烷(Tris)溶解于 800 mL 水中，用盐酸调 pH 至 7.5，用水定容至 1 000 mL。在 103.4 kPa(121℃)条件下灭菌 20 min。

5.10　平衡酚—氯仿—异戊醇溶液(25+24+1)。

5.11　氯仿—异戊醇溶液(24+1)。

5.12　5 mol/L 氯化钠溶液：称取 292.2 g 氯化钠(NaCl)，溶解于 800 mL 水中，加水定容至 1 000 mL，在 103.4 kPa(121℃)条件下灭菌 20 min。

5.13　10 g/L RNase A：称取 10 mg 胰 RNA 酶(RNase A)溶解于 987 μL 水中，然后加入 10 μL 三羟甲基氨基甲烷—盐酸溶液(5.9)和 3 μL 氯化钠(5.12)，于 100℃水浴中保温 15 min，缓慢冷却至室温，分装成小份保存于−20℃。

5.14　异丙醇。

5.15　3 mol/L 乙酸钠(pH 5.6)：称取 408.3 g 三水乙酸钠溶解于 800 mL 水中，用冰乙酸调 pH 至 5.6，用水定容至 1 000 mL。在 103.4 kPa(121℃)条件下灭菌 20 min。

5.16　体积分数为 70%的乙醇溶液。

5.17　抽提缓冲液：在 600 mL 水中加入 69.3 g 葡萄糖，20 g 聚乙烯吡咯烷酮(PVP，K30)，1 g 二乙胺基二硫代甲酸钠(DIECA)，充分溶解，然后加入 100 mL 三羟甲基氨基甲烷—盐酸溶液(5.9)，10 mL 乙二铵四乙酸二钠溶液(5.4)，加水定容至 1 000 mL，4℃保存，使用时加入体积分数为 0.2%的 β-巯基乙醇。

5.18　裂解缓冲液：在 600 mL 水中加入 81.7 g 氯化钠，20 g 十六烷基三甲基溴化铵(CTAB)，20 g 聚乙烯吡咯烷酮(PVP，K30)，1 g 二乙胺基二硫代甲酸钠(DIECA)，充分溶解，然后加入 100 mL 三羟甲基氨基甲烷—盐酸溶液(5.9)，4 mL 乙二铵四乙酸二钠溶液(5.4)，加水定容至 1 000 mL，室温保存，使用时加入体积分数为 0.2%的 β-巯基乙醇。

5.19　DNA 分子量标准：可以清楚地区分 50 bp～1 000 bp 的 DNA 片段。

5.20　dNTPs 混合溶液：将浓度为 10 mmol/L 的 dATP、dTTP、dGTP、dCTP 四种脱氧核糖核苷酸溶液等体积混合。

5.21　Taq DNA 聚合酶及 PCR 反应缓冲液。

5.22　植物 DNA 提取试剂盒。

5.23　引物。

5.23.1　***Sad1* 基因**

Sad - F：5′- CCAAAGGAGGTGCCTGTTCA - 3′

Sad - R：5′- TTGAGGTGAGTCAGAATGTTGTTC - 3′

预期扩增片段大小为107 bp。

5.23.2 **MON15985转化体特异性序列**

15985-F:5′-ATTTGATGCACTATGTCTTCGTCTA-3′

15985-R:5′-CAATGGAATCCGAGGAGGT-3′

预期扩增片段大小为175 bp。

5.24 引物溶液:用TE缓冲液(5.6)分别将上述引物稀释到10 μmol/L。

5.25 石蜡油。

5.26 PCR产物回收试剂盒。

6 仪器

6.1 分析天平:感量0.1 g和0.1 mg。

6.2 PCR扩增仪:升降温速度>1.5℃/s,孔间温度差异<1.0℃。

6.3 电泳槽、电泳仪等电泳装置。

6.4 紫外透射仪。

6.5 凝胶成像系统或照相系统。

6.6 重蒸馏水发生器或超纯水仪。

6.7 其他相关仪器和设备。

7 操作步骤

7.1 抽样

按NY/T 672和NY/T 673的规定执行。

7.2 制样

按NY/T 672和NY/T 673的规定执行。

7.3 试样预处理

按NY/T 674的规定执行。

7.4 DNA模板制备

按NY/T 674的规定执行,或经验证适用于棉花及其产品DNA提取与纯化的植物DNA提取试剂盒,或按下述方法执行。DNA模板制备时设置不加任何试样的空白对照。

称取200 mg经预处理的试样,在液氮中充分研磨后装入液氮预冷的1.5 mL或2 mL离心管中(不需研磨的试样直接加入)。加入1 mL预冷至4℃的抽提缓冲液,剧烈摇动混匀后,在冰上静置5 min,4℃条件下10 000 g离心15 min,弃上清液。加入600 μL预热到65℃的裂解缓冲液,充分重悬沉淀,在65℃恒温保持40 min,期间颠倒混匀5次。10 000 g离心10 min,取上清液转至另一新离心管中。加入5 μL RNase A,37℃恒温保持30 min。分别用等体积平衡酚—氯仿—异戊醇溶液和氯仿—异戊醇溶液各抽提一次。10 000 g离心10 min,取上清液转至另一新离心管中。加入2/3体积异丙醇,1/10体积乙酸钠溶液,−20℃放置2 h~3 h。在4℃条件下,10 000 g离心15 min,弃上清液,用70%乙醇溶液洗涤沉淀一次,倒出乙醇溶液,晾干沉淀。加入50 μL TE缓冲液溶解沉淀,所得溶液即为样品DNA溶液。

7.5 PCR反应

7.5.1 试样PCR反应

7.5.1.1 每个试样PCR反应设置三次重复。

7.5.1.2 在PCR反应管中按表1依次加入反应试剂,混匀,再加25 μL石蜡油(有热盖设备的PCR仪可不加)。

表 1 PCR 检测反应体系

试 剂	终浓度	体 积
水		—
10×PCR 缓冲液	1×	2.5 μL
25 mmol/L 氯化镁溶液	2.5 mmol/L	2.5 μL
dNTPs 混合溶液(各 2.5 mmol/L)	各 0.2 mmol/L	2 μL
10 μmol/L 上游引物	0.4 μmol/L	1 μL
10 μmol/L 下游引物	0.4 μmol/L	1 μL
Taq 酶	0.05 U/μL	—
25 mg/L DNA 模板	2 mg/L	2.0 μL
总体积		25.0 μL

注 1:根据 Taq 酶的浓度确定其体积,并相应调整水的体积,使反应体系总体积达到 25.0 μL。如果 PCR 缓冲液中含有氯化镁,则不加氯化镁溶液,加等体积水。

注 2:棉花内标准基因 PCR 检测反应体系中,上、下游引物分别为 sad-F 和 sad-R;MON15985 转化体 PCR 检测反应体系中,上、下游引物分别为 15985-F 和 15985-R。

7.5.1.3 将 PCR 管放在离心机上,500 g~3 000 g 离心 10 s,然后取出 PCR 管,放入 PCR 仪中。

7.5.1.4 进行 PCR 反应。反应程序为:95℃变性 7 min;94℃变性 30 s,58℃退火 30 s,72℃延伸 30 s,共进行 35 次循环;72℃延伸 7 min。

7.5.1.5 反应结束后取出 PCR 管,对 PCR 反应产物进行电泳检测。

7.5.2 对照 PCR 反应

在试样 PCR 反应的同时,应设置阴性对照、阳性对照和空白对照。

以非转基因棉花材料中提取的 DNA 作为阴性对照;以转基因棉花 MON15985 质量分数为0.1%~1.0%的棉花 DNA 作为阳性对照;以水作为空白对照。

各对照 PCR 反应体系中,除模板外,其余组分及 PCR 反应条件与 7.5.1 相同。

7.6 PCR 产物电泳检测

按 20 g/L 的质量浓度称取琼脂糖,加入 1×TAE 缓冲液中,加热溶解,配制成琼脂糖溶液。每 100 mL琼脂糖溶液中加入 5 μL EB 溶液,混匀,适当冷却后,将其倒入电泳板上,插上梳板,室温下凝固成凝胶后,放入 1×TAE 缓冲液中,垂直向上轻轻拔去梳板。取 12 μL PCR 产物与 3 μL 加样缓冲液混合后加入点样孔中,同时在其中一个点样孔中加入 DNA 分子量标准,接通电源在 2 V/cm~5 V/cm 条件下电泳检测。

7.7 凝胶成像分析

电泳结束后,取出琼脂糖凝胶,置于凝胶成像仪或紫外透射仪上成像。根据 DNA 分子量标准估计扩增条带的大小,将电泳结果形成电子文件存档或用照相系统拍照。如需通过序列分析确认 PCR 扩增片段是否为目的 DNA 片段,按照 7.8 和 7.9 的规定执行。

7.8 PCR 产物回收

按 PCR 产物回收试剂盒说明书,回收 PCR 扩增的 DNA 片段。

7.9 PCR 产物的测序验证

将回收的 PCR 产物克隆测序,与抗虫棉花 MON15985 转化体特异性序列(参见附录 A)进行比对,确定 PCR 扩增的 DNA 片段是否为目的 DNA 片段。

8 结果分析与表述

8.1 对照检测结果分析

阳性对照 PCR 反应中,*Sad1* 内标准基因和 MON15985 转化体特异性序列均得到扩增,且扩增片段大小与预期片段大小一致，而阴性对照中仅扩增出 *Sad1* 基因片段，空白对照中没有任何扩增片段，表明 PCR 反应体系正常工作，否则重新检测。

8.2 样品检测结果分析和表述

8.2.1 *Sad1* 内标准基因和 MON15985 转化体特异性序列均得到扩增，且扩增片段大小与预期片段大小一致，表明样品中检测出转基因抗虫棉花 MON15985 转化体成分，表述为“样品中检测出转基因抗虫棉花 MON15985 转化体成分，检测结果为阳性”。

8.2.2 *Sad1* 内标准基因片段得到扩增，且扩增片段大小与预期片段大小一致，而 MON15985 转化体特异性序列未得到扩增，或扩增片段大小与预期片段大小不一致，表明样品中未检测出转基因抗虫棉花 MON15985 转化体成分，表述为“样品中未检测出转基因抗虫棉花 MON15985 转化体成分，检测结果为阴性”。

8.2.3 *Sad1* 内标准基因片段未得到扩增，或扩增片段大小与预期片段大小不一致，表明样品中未检测出棉花成分，表述为“样品中未检测出棉花成分，检测结果为阴性”。

附 录 A
(资料性附录)
抗虫棉花 MON15985 转化体特异性序列

1 ATTTGATGCA CTATGTCTTC GTCTATTTTT CAAACATACT GTTGGAAGAA
51 TTATGATTCA CGTGTTGTTT AAGATCAAAA AGTGCATGCC TAACTAATAC
101 TTATCAGAAA CAAATAATGC AATGAGTCAT ATCTCTATAA AGGGTAATAT
151 CCGGAAACCT CCTCGGATTC CATTG

注:划线部分为引物序列。

ICS 65.020.01
B 04

中 华 人 民 共 和 国 国 家 标 准

农业部1485号公告—14—2010

转基因植物及其产品成分检测 抗虫转*Bt*基因棉花外源蛋白表达量检测技术规范

Detection of genetically modified plants and derived products—Technical specification for quantitative detection of exogenous proteins in *Bt* transgenic cotton

2010-11-15 发布　　　　2011-01-01 实施

中华人民共和国农业部　发布

前　言

本标准按照 GB/T 1.1—2009 给出的规则起草。

本标准由中华人民共和国农业部科技教育司提出。

本标准由全国农业转基因生物安全管理标准化技术委员会(SAC/TC 276)归口。

本标准起草单位:农业部科技发展中心、中国农业科学院棉花研究所。

本标准主要起草人:崔金杰、刘信、张帅、雒珺瑜、赵欣、马艳、王春义、师勇强。

转基因植物及其产品成分检测 抗虫转 *Bt* 基因棉花外源蛋白表达量检测技术规范

1 范围

本标准规定了田间条件下抗虫转 *Bt* 基因棉花不同生育期组织和器官中外源 Bt 杀虫蛋白表达的 ELISA 定量检测技术规范。

本标准适用于田间条件下抗虫转 *Bt* 基因棉花不同生育期组织和器官中外源 Bt 杀虫蛋白表达的 ELISA 定量检测。

2 规范性引用文件

下列文件对于本文件的应用是必不可少的。凡是注日期的引用文件，仅注日期的版本适用于本文件。凡是不注日期的引用文件，其最新版本(包括所有的修改单)适用于本文件。

GB 4407.1 经济作物种子 棉花

3 原理

在适宜生态区田间条件下种植受检棉花试验材料，分别抽取苗期、蕾期、铃期等关键生育期的棉花叶片、蕾、铃，采用酶联免疫方法(ELISA)检测外源 Bt 杀虫蛋白的表达量，判断受检棉花材料外源 Bt 杀虫蛋白表达水平。

4 仪器和设备

4.1 分析天平：感量 0.01 g。

4.2 酶标仪。

4.3 超低温冰箱。

4.4 其他相关仪器和设备。

5 要求

5.1 试验材料

5.1.1 受检棉花材料。

5.1.2 阴性对照品种：黄河流域为 HG-BR-8、长江流域为泗棉 3 号。

5.1.3 阳性对照品种：黄河流域为中 45、长江流域为 GK19，或当地主栽抗虫转 *Bt* 基因棉花。

5.1.4 种子应符合 GB 4407.1 的质量要求。

5.2 田间种植与管理

按当地常规播种时期、播种方式和播种量进行播种和管理。

5.3 资料记录

5.3.1 试验地名称与位置

记录试验地的名称、试验的具体地点、经纬度或全球地理定位系统(Global positioning system, GPS)地标。绘制小区示意图。

5.3.2 气象资料

记录试验期间试验地降雨(降雨类型,日降雨量以毫米表示)和温度(日平均温度、最高和最低温度、积温,以摄氏度表示)的资料。记录影响整个试验期间试验结果的恶劣气候因素,例如严重或长期的干旱、暴雨、冰雹等。

6 试验设计与取样

6.1 试验设计

随机区组设计,3 次重复,小区面积不小于 30 m^2。

6.2 取样

在棉花苗期(4 片～6 片真叶)、蕾期(盛蕾期)和铃期(结铃盛期),每个小区随机取样 20 株。

苗期,每株取顶部倒数第三片完全展开叶片;蕾期,每株取顶部倒数第三片完全展开叶片和 1 个小蕾(直径 0.5 cm～0.7 cm);铃期,每株取顶部倒数第三片完全展开叶片和 1 个小铃(直径约 1.0 cm)。

每次取样后,将每个小区的叶片、蕾和铃分别单独置于保鲜袋内密封,放在冰盒中,迅速带回实验室检测或用液氮速冻后,放入－80℃超低温冰箱中保存待测。

7 外源 **Bt** 杀虫蛋白表达量检测

7.1 试剂盒的选择

根据待检目标蛋白的类型,选用经验证适用于棉花外源 Bt 杀虫蛋白检测的 ELISA 试剂盒,试剂盒的定量限(Limit of quantification,LOQ)应≤0.5 ng/g(鲜重)。

7.2 试样和试液制备

将每个小区采集的相同时期同一组织器官的试样作为一个样本,加液氮快速研磨成粉末。

称取 0.4 g 研磨后的试样于 7 mL 离心管,加入 4 mL 提取缓冲液,充分混匀后置于 4℃下震荡 12 h。4℃,8 000 g 离心 20 min,吸取 1 mL 上清液移入另一干净的离心管,待测。

注:上清液可在 2℃～8℃贮存,时间不超过 24 h。

7.3 检测

按照 ELISA 试剂盒操作说明书,检测试样溶液中外源 Bt 杀虫蛋白的含量,得到相应的光密度值(Optical density,OD)。

7.4 标准回归方程建立

把标准蛋白倍比稀释成 6 个浓度梯度,与待测样品一起加入到酶标板内相应位置,按 7.3 步骤进行检测,得到相应的光密度值(X)。根据标准蛋白浓度与光密度值的相关性建立标准回归方程 $Y=a+b\times \lg X$,相关系数 $R^2\geqslant 0.98$。

7.5 结果计算

按式(1)计算蛋白含量:

$$\omega=(a+b\times \lg X)\times N \qquad (1)$$

式中:

ω——蛋白浓度,单位为纳克每克(ng/g 鲜重);

a——截距;

b——斜率;

X——光密度值;

N——稀释倍数。

计算结果保留两位有效数字。

采用统计学方法计算 3 个小区样本外源 Bt 杀虫蛋白含量平均值($\bar{\omega}$)和标准差(S)。外源 Bt 杀虫蛋白的含量表述为($\bar{\omega}\pm S$) ng/g。

8 结果分析与表述

根据计算得到的受检材料和阳性对照品种(时期、组织器官)中外源Bt杀虫蛋白的含量,用方差分析的方法比较受检材料不同时期叶片中外源Bt杀虫蛋白的含量和受检材料与阳性对照各器官中外源Bt杀虫蛋白的含量差异。结果表述为:受检材料(时期、组织器官)中外源Bt杀虫蛋白的含量高(低)于当地主栽抗虫棉品种,差异达到(无)显著差异。

ICS 65.020.01
B 04

中华人民共和国国家标准

农业部1485号公告—15—2010

转基因植物及其产品成分检测 抗虫耐除草剂玉米MON88017及其衍生品种定性PCR方法

Detection of genetically modified plants and derived products—Qualitative PCR method for insect-resistant and herbicide-tolerant maize MON88017 and its derivates

2010-11-15 发布　　2011-01-01 实施

中华人民共和国农业部　发布

前　　言

本标准按照GB/T 1.1—2009给出的规则起草。

本标准由中华人民共和国农业部科技教育司提出。

本标准由全国农业转基因生物安全管理标准化技术委员会(SAC/TC 276)归口。

本标准起草单位:农业部科技发展中心、中国农业科学院油料作物研究所。

本标准主要起草人:卢长明、周云龙、武玉花、吴刚、厉建萌、瞿勇、曹应龙、李飞武。

转基因植物及其产品成分检测
抗虫耐除草剂玉米 MON88017 及其衍生品种定性 PCR 方法

1 范围

本标准规定了转基因抗虫耐除草剂玉米 MON88017 转化体特异性的定性 PCR 检测方法。

本标准适用于转基因抗虫耐除草剂玉米 MON88017 及其衍生品种，以及制品中 MON88017 转化体成分的定性 PCR 检测。

2 规范性引用文件

下列文件对于本文件的应用是必不可少的。凡是注日期的引用文件，仅注日期的版本适用于本文件。凡是不注日期的引用文件，其最新版本(包括所有的修改单)适用于本文件。

GB/T 6682 分析实验室用水规格和试验方法

NY/T 672 转基因植物及其产品检测 通用要求

NY/T 673 转基因植物及其产品检测 抽样

NY/T 674 转基因植物及其产品检测 DNA 提取和纯化

3 术语和定义

下列术语和定义适用于本文件。

3.1

***zSSIIb* 基因 *zSSIIb* gene**

编码玉米淀粉合酶异构体 zSTSII-2 的基因。

3.2

MON88017 转化体特异性序列 event-specific sequence of MON88017

外源插入载体 3′端与玉米基因组的连接区序列，包括外源水稻 actin1 启动子序列和玉米基因组的部分序列。

4 原理

根据转基因抗虫耐除草剂玉米 MON88017 转化体特异性序列设计特异性引物，对试样进行 PCR 扩增。依据是否扩增获得预期 199 bp 的特异性 DNA 片段，判断样品中是否含有 MON88017 转化体成分。

5 试剂和材料

除非另有说明，仅使用分析纯试剂和重蒸馏水或符合 GB/T 6682 规定的一级水。

5.1 琼脂糖。

5.2 10 g/L 溴化乙锭溶液：称取 1.0 g 溴化乙锭(EB)，溶解于 100 mL 水中，避光保存。

注：溴化乙锭有致癌作用，配制和使用时宜戴一次性手套操作并妥善处理废液。

5.3 10 mol/L 氢氧化钠溶液：在 160 mL 水中加入 80.0 g 氢氧化钠(NaOH)，溶解后再加水定容至 200 mL。

5.4 500 mmol/L 乙二铵四乙酸二钠溶液(pH 8.0):称取 18.6 g 乙二铵四乙酸二钠($EDTA-Na_2$),加入 70 mL 水中,再加入适量氢氧化钠溶液(5.3),加热至完全溶解后,冷却至室温,用氢氧化钠溶液(5.3)调 pH 至 8.0,加水定容至 100 mL。在 103.4 kPa(121℃)条件下灭菌 20 min。

5.5 1 mol/L 三羟甲基氨基甲烷—盐酸溶液(pH 8.0):称取 121.1 g 三羟甲基氨基甲烷(Tris)溶解于 800 mL 水中,用盐酸(HCl)调 pH 至 8.0,加水定容到 1 000 mL。在 103.4 kPa(121℃)条件下灭菌 20 min。

5.6 TE 缓冲液(pH 8.0):分别量取 10 mL 三羟甲基氨基甲烷—盐酸溶液(5.5)和 2 mL 乙二铵四乙酸二钠溶液(5.4)溶液,加水定容至 1 000 mL。在 103.4 kPa(121℃)条件下灭菌 20 min。

5.7 50×TAE 缓冲液:称取 242.2 g 三羟甲基氨基甲烷,先用 500 mL 水加热搅拌溶解后,加入 100 mL 乙二铵四乙酸二钠溶液(5.4),用冰乙酸调 pH 至 8.0,然后加水定容至 1 000 mL。使用时用水稀释成 1×TAE。

5.8 加样缓冲液:称取 250.0 mg 溴酚蓝,加入 10 mL 水,在室温下溶解 12 h;称取 250.0 mg 二甲基苯腈蓝,加 10 mL 水溶解;称取 50.0 g 蔗糖,加 30 mL 水溶解。混合以上三种溶液,加水定容至 100 mL,在 4℃下保存。

5.9 DNA 分子量标准:可以清楚地区分 50 bp～1 000 bp 的 DNA 片段。

5.10 dNTPs 混合溶液:将浓度为 10 mmol/L 的 dATP、dTTP、dGTP、dCTP 四种脱氧核糖核苷酸溶液等体积混合。

5.11 Taq DNA 聚合酶及 PCR 反应缓冲液。

5.12 引物。

5.12.1 ***zSSIIb* 基因**

zSSIIb - F:5′- CGGTGGATGCTAAGGCTGATG - 3′

zSSIIb - R:5′- AAAGGGCCAGGTTCATTATCCTC - 3′

预期扩增片段大小为 88 bp。

5.12.2 **MON88017 转化体特异性序列**

MON88017 - LF:5′- TTGTCCTGAACCCCTAAAATCC - 3′

MON88017 - LR:5′- CCCGGACATGAAGCCATTTA - 3′

预期扩增片段大小为 199 bp。

5.13 引物溶液:用 TE 缓冲液(5.6)分别将上述引物稀释到 10 μmol/L。

5.14 石蜡油。

5.15 PCR 产物回收试剂盒。

5.16 DNA 提取试剂盒。

6 仪器

6.1 分析天平:感量 0.1 g 和 0.1 mg。

6.2 PCR 扩增仪:升降温速度>1.5℃/s,孔间温度差异<1.0℃。

6.3 电泳槽、电泳仪等电泳装置。

6.4 紫外透射仪。

6.5 凝胶成像系统或照相系统。

6.6 重蒸馏水发生器或超纯水仪。

6.7 其他相关仪器和设备。

7 操作步骤

7.1 抽样

按 NY/T 672 和 NY/T 673 的规定执行。

7.2 制样

按 NY/T 672 和 NY/T 673 的规定执行。

7.3 试样预处理

按 NY/T 674 的规定执行。

7.4 DNA 模板制备

按 NY/T 674 的规定执行,或使用经验证适用于玉米 DNA 提取与纯化的 DNA 提取试剂盒。

7.5 PCR 反应

7.5.1 试样 PCR 反应

7.5.1.1 每个试样 PCR 反应设置 3 次重复。

7.5.1.2 在 PCR 反应管中按表 1 依次加入反应试剂,混匀,再加 25 μL 石蜡油(有热盖设备的 PCR 仪可不加)。

表 1 PCR 反应体系

试 剂	终浓度	体 积
水		—
10×PCR 缓冲液	1×	2.5 μL
25 mmol/L 氯化镁溶液	2.5 mmol/L	2.5 μL
dNTPs 混合溶液(各 2.5 mmol/L)	各 0.2 mmol/L	2 μL
10 μmol/L 上游引物	0.2 μmol/L	0.5 μL
10 μmol/L 下游引物	0.2 μmol/L	0.5 μL
Taq 酶	0.025 U/μL	—
25 mg/L DNA 模板	2 mg/L	2.0 μL
总体积		25.0 μL

注 1:根据 Taq 酶的浓度确定其体积,并相应调整水的体积,使反应体系总体积达到 25.0 μL。如果 PCR 缓冲液中含有氯化镁,则不加氯化镁溶液,加等体积水。

注 2:玉米内标准基因 PCR 检测反应体系中,上、下游引物分别为 zSSIIb-F 和 zSSIIb-R;MON88017 转化体 PCR 检测反应体系中,上、下游引物分别为 MON88017-LF 和 MON88017-LR。

7.5.1.3 将 PCR 管放在离心机上,500 g~3 000 g 离心 10 s,然后取出 PCR 管,放入 PCR 仪中。

7.5.1.4 进行 PCR 反应。反应程序为:94℃变性 5 min;94℃变性 30 s,58℃退火 30 s,72℃延伸 30 s,共进行 35 次循环;72℃延伸 7 min。

7.5.1.5 反应结束后取出 PCR 管,对 PCR 反应产物进行电泳检测。

7.5.2 对照 PCR 反应

在试样 PCR 反应的同时,应设置阴性对照、阳性对照和空白对照。

以非转基因玉米材料提取的 DNA 作为阴性对照;以转基因玉米 MON88017 质量分数为 0.1%~1.0%的玉米基因组 DNA 作为阳性对照;以水作为空白对照。

上述各对照 PCR 反应体系中,除模板外,其余组分及 PCR 反应条件与 7.5.1 相同。

7.6 PCR 产物电泳检测

按 20 g/L 的质量浓度称量琼脂糖加入 1×TAE 缓冲液中,加热溶解,配制成琼脂糖溶液。每 100 mL琼脂糖溶液中加入 5 μL EB 溶液,混匀,稍适冷却后,将其倒入电泳板上,插上梳板,室温下凝固成凝胶后,放入 1×TAE 缓冲液中,垂直向上轻轻拔去梳板。取 12 μL PCR 产物与 3 μL 加样缓冲液混合后加入凝胶点样孔，同时在其中一个点样孔中加入 DNA 分子量标准，接通电源在 2 V/cm～5 V/cm 条件下电泳检测。

7.7 凝胶成像分析

电泳结束后，取出琼脂糖凝胶，置于凝胶成像仪上或紫外透射仪上成像。根据 DNA 分子量标准估计扩增条带的大小，将电泳结果形成电子文件存档或用照相系统拍照。如需通过序列分析确认 PCR 扩增片段是否为目的 DNA 片段，按照 7.8 和 7.9 的规定执行。

7.8 **PCR 产物回收**

按 PCR 产物回收试剂盒说明书，回收 PCR 扩增的 DNA 片段。

7.9 **PCR 产物测序验证**

将回收的 PCR 产物克隆测序，与抗虫耐除草剂玉米 MON88017 转化体特异性序列（参见附录 A）进行比对，确定 PCR 扩增的 DNA 片段是否为目的 DNA 片段。

8 结果分析与表述

8.1 对照检测结果分析

阳性对照 PCR 反应中，*zSSIIb* 内标准基因和 MON88017 转化体特异性序列均得到扩增，且扩增片段大小与预期片段大小一致，而阴性对照中仅扩增出 *zSSIIb* 基因片段，空白对照中没有任何扩增片段，表明 PCR 反应体系正常工作，否则重新检测。

8.2 样品检测结果分析和表述

8.2.1 *zSSIIb* 内标准基因和 MON88017 转化体特异性序列均得到了扩增，且扩增片段大小与预期片段大小一致，表明样品中检测出转基因抗虫耐除草剂玉米 MON88017 转化体成分，表述为“样品中检测出转基因抗虫耐除草剂玉米 MON88017 转化体成分，检测结果为阳性”。

8.2.2 *zSSIIb* 内标准基因片段得到扩增，且扩增片段大小与预期片段大小一致，而 MON88017 转化体特异性序列未得到扩增，或扩增片段大小与预期片段大小不一致，表明样品中未检测出抗虫耐除草剂玉米 MON88017 转化体成分，表述为“样品中未检测出抗虫耐除草剂玉米 MON88017 转化体成分，检测结果为阴性”。

8.2.3 *zSSIIb* 内标准基因片段未得到扩增，或扩增片段大小与预期片段大小不一致，表明样品中未检测出玉米成分，表述为“样品中未检测出玉米成分，检测结果为阴性”。

附　录　A
（资料性附录）
抗虫耐除草剂玉米 MON88017 转化体特异性序列

1 TTGTCCTGAA CCCCTAAAAT CCCAGGACCG CCACCTATCA TATACATACA
51 TGATCTTCTA AATACCCGAT CAGAGCGCTA AGCAGCAGAA TCGTGTGACA
101 ACGCTAGCAG CTCTCCTCCA ACACATCATC GACAAGCACC TTTTTTGCCG
151 GAGTATGACG GTGACGATAT ATTCAATTGT AAATGGCTTC ATGTCCGGG

注：划线部分为引物序列。

ICS 65.020.01
B 04

中华人民共和国国家标准

农业部1485号公告—16—2010

转基因植物及其产品成分检测 抗虫玉米MIR604及其衍生品种定性PCR方法

Detection of genetically modified plants and derived products—Qualitative PCR method for insect-resistant maize MIR604 and its derivates

2010-11-15 发布 2011-01-01 实施

中华人民共和国农业部 发布

前　　言

本标准按照 GB/T 1.1—2009 给出的规则起草。

本标准由中华人民共和国农业部科技教育司提出。

本标准由全国农业转基因生物安全管理标准化技术委员会(SAC/TC 276)归口。

本标准起草单位:农业部科技发展中心、中国农业科学院油料作物研究所。

本标准主要起草人:卢长明、刘信、武玉花、吴刚、岳云峰、曹应龙、赵欣。

转基因植物及其产品成分检测
抗虫玉米 MIR604 及其衍生品种定性 PCR 方法

1 范围

本标准规定了转基因抗虫玉米 MIR604 转化体特异性的定性 PCR 检测方法。

本标准适用于转基因抗虫玉米 MIR604 及其衍生品种，以及制品中 MIR604 转化体成分的定性 PCR 检测。

2 规范性引用文件

下列文件对于本文件的应用是必不可少的。凡是注日期的引用文件，仅注日期的版本适用于本文件。凡是不注日期的引用文件，其最新版本(包括所有的修改单)适用于本文件。

GB/T 6682 分析实验室用水规格和试验方法

NY/T 672 转基因植物及其产品检测 通用要求

NY/T 673 转基因植物及其产品检测 抽样

NY/T 674 转基因植物及其产品检测 DNA 提取和纯化

3 术语和定义

下列术语和定义适用于本文件。

3.1

***zSSIIb* 基因 *zSSIIb* gene**

编码玉米淀粉合酶异构体 zSTSII - 2 的基因。

3.2

MIR604 转化体特异性序列 event-specific sequence of MIR604

外源插入载体 3′端与玉米基因组的连接区序列，包括 Nos 终止子序列和玉米基因组的部分序列。

4 原理

根据转基因抗虫玉米 MIR604 转化体特异性序列设计特异性引物，对试样进行 PCR 扩增。依据是否扩增获得预期 142 bp 的特异性 DNA 片段，判断样品中是否含有 MIR604 转化体成分。

5 试剂和材料

除非另有说明，仅使用分析纯试剂和重蒸馏水或符合 GB/T 6682 规定的一级水。

5.1 琼脂糖。

5.2 10 g/L 溴化乙锭溶液：称取 1.0 g 溴化乙锭(EB)，溶解于 100 mL 水中，避光保存。

注：溴化乙锭有致癌作用，配制和使用时宜戴一次性手套操作并妥善处理废液。

5.3 10 mol/L 氢氧化钠溶液：在 160 mL 水中加入 80.0 g 氢氧化钠(NaOH)，溶解后再加水定容至 200 mL。

5.4 500 mmol/L 乙二铵四乙酸二钠溶液(pH 8.0)：称取 18.6 g 乙二铵四乙酸二钠(EDTA - Na_2)，加入 70 mL 水中，加入适量氢氧化钠溶液(5.3)，加热至完全溶解后，冷却至室温，用氢氧化钠溶液(5.3)调

pH至8.0，加水定容至100 mL。在103.4 kPa(121℃)条件下灭菌20 min。

5.5 1 mol/L三羟甲基氨基甲烷—盐酸溶液(pH 8.0)：称取121.1 g三羟甲基氨基甲烷(Tris)溶解于800 mL水中，用盐酸(HCl)调pH至8.0，加水定容至1 000 mL。在103.4 kPa(121℃)条件下灭菌20 min。

5.6 TE缓冲液(pH 8.0)：分别量取10 mL三羟甲基氨基甲烷—盐酸溶液(5.5)和2 mL乙二铵四乙酸二钠溶液(5.4)溶液，加水定容至1 000 mL。在103.4 kPa(121℃)条件下灭菌20 min。

5.7 50×TAE缓冲液：称取242.2 g三羟甲基氨基甲烷，先用500 mL水加热搅拌溶解后，加入100 mL乙二铵四乙酸二钠溶液(5.4)，用冰乙酸调pH至8.0，然后加水定容至1 000 mL。使用时用水稀释成1×TAE。

5.8 加样缓冲液：称取250.0 mg溴酚蓝，加入10 mL水，在室温下溶解12 h；称取250.0 mg二甲基苯腈蓝，加10 mL水溶解；称取50.0 g蔗糖，加30 mL水溶解。混合以上三种溶液，加水定容至100 mL，在4℃下保存。

5.9 DNA分子量标准：可以清楚地区分50 bp～1 000 bp的DNA片段。

5.10 dNTPs混合溶液：将浓度为10 mmol/L的dATP、dTTP、dGTP、dCTP四种脱氧核糖核苷酸溶液等体积混合。

5.11 Taq DNA聚合酶及PCR反应缓冲液。

5.12 引物。

5.12.1 *zSSIIb*基因

zSSIIb-F：5′-CGGTGGATGCTAAGGCTGATG-3′

zSSIIb-R：5′-AAAGGGCCAGGTTCATTATCCTC-3′

预期扩增片段大小为88 bp。

5.12.2 MIR604转化体特异性序列

MIR604-1F：5′-TCGCGCGCGGTGTCATCTATG-3′

MIR604-1R：5′-CGCGACACACCTCGTTAGTTAA-3′

预期扩增片段大小为142 bp。

5.13 引物溶液：用TE缓冲液(5.6)或水分别将上述引物稀释到10 μmol/L。

5.14 石蜡油。

5.15 PCR产物回收试剂盒。

5.16 DNA提取试剂盒。

6 仪器

6.1 分析天平：感量0.1 g和0.1 mg。

6.2 PCR扩增仪：升降温速度>1.5℃/s，孔间温度差异<1.0℃。

6.3 电泳槽、电泳仪等电泳装置。

6.4 紫外透射仪。

6.5 凝胶成像系统或照相系统。

6.6 重蒸馏水发生器或超纯水仪。

6.7 其他相关仪器和设备。

7 操作步骤

7.1 抽样

按 NY/T 672 和 NY/T 673 的规定执行。

7.2 制样

按 NY/T 672 和 NY/T 673 的规定执行。

7.3 试样预处理

按 NY/T 674 的规定执行。

7.4 DNA 模板制备

按 NY/T 674 的规定执行，或使用经验证适用于玉米 DNA 提取与纯化的 DNA 提取试剂盒。

7.5 PCR 反应

7.5.1 试样的 PCR 反应

7.5.1.1 每个试样 PCR 反应设置 3 次重复。

7.5.1.2 在 PCR 反应管中按表 1 依次加入反应试剂，混匀，再加 25 μL 石蜡油（有热盖设备的 PCR 仪可不加）。

表 1 PCR 反应体系

试 剂	终浓度	体 积
水		—
10×PCR 缓冲液	1×	2.5 μL
25 mmol/L 氯化镁溶液	2.5 mmol/L	2.5 μL
dNTPs 混合溶液（各 2.5 mmol/L）	各 0.2 mmol/L	2 μL
10 μmol/L 上游引物	0.5 μmol/L	1.25 μL
10 μmol/L 下游引物	0.5 μmol/L	1.25 μL
Taq 酶	0.025 U/μL	—
25 mg/L DNA 模板	2 mg/L	2.0 μL
总体积		25.0 μL

注 1：根据 Taq 酶浓度确定其体积，并相应调整水的体积，使反应体系总体积达到 25.0 μL。如果 PCR 缓冲液中含有氯化镁，则不加氯化镁溶液，加等体积水。

注 2：玉米内标准基因 PCR 检测反应体系中，上、下游引物分别为 zSSIIb-F 和 zSSIIb-R；MIR604 转化体 PCR 检测反应体系中，上、下游引物分别为 MIR604－1F 和 MIR604－1R。

7.5.1.3 将 PCR 管放在离心机上，500 g～3 000 g 离心 10 s，然后取出 PCR 管，放入 PCR 仪中。

7.5.1.4 进行 PCR 反应。反应程序为：94℃变性 5 min；94℃变性 30 s，58℃退火 30 s，72℃延伸 30 s，共进行 35 次循环；72℃延伸 7 min。

7.5.1.5 反应结束后取出 PCR 管，对 PCR 反应产物进行电泳检测。

7.5.2 对照 PCR 反应

在试样 PCR 反应的同时，应设置阴性对照、阳性对照和空白对照。

以非转基因玉米材料提取的 DNA 作为阴性对照；以转基因玉米 MIR604 质量分数为 0.1%～1.0%的玉米基因组 DNA 作为阳性对照；以水作为空白对照。

各对照 PCR 反应体系中，除模板外，其余组分及 PCR 反应条件与 7.5.1 相同。

7.6 PCR 产物的电泳检测

按 20 g/L 的质量浓度称量琼脂糖，加入 1×TAE 缓冲液中，加热溶解，配制成琼脂糖溶液。每 100 mL琼脂糖溶液中加入 5 μL EB 溶液，混匀，稍适冷却后，将其倒入电泳板上，插上梳板，室温下凝固成凝胶后，放入 1×TAE 缓冲液中，垂直向上轻轻拔去梳板。取 12 μL PCR 产物与 3 μL 加样缓冲液混合后加入凝胶点样孔，同时在其中一个点样孔中加入 DNA 分子量标准，接通电源在 2 V/cm～5 V/cm 条件下电泳检测。

7.7 凝胶成像分析

电泳结束后，取出琼脂糖凝胶，置于凝胶成像仪上或紫外透射仪上成像。根据 DNA 分子量标准估计扩增条带的大小，将电泳结果形成电子文件存档或用照相系统拍照。如需通过序列分析确认 PCR 扩增片段是否为目的 DNA 片段，按照 7.8 和 7.9 的规定执行。

7.8 PCR 产物回收

按 PCR 产物回收试剂盒说明书，回收 PCR 扩增的 DNA 片段。

7.9 PCR 产物测序验证

将回收的 PCR 产物克隆测序，与抗虫玉米 MIR604 转化体特异性序列（参见附录 A）进行比对，确定 PCR 扩增的 DNA 片段是否为目的 DNA 片段。

8 结果分析与表述

8.1 对照检测结果分析

阳性对照的 PCR 反应中，*zSSIIb* 内标准基因和 MIR604 转化体特异性序列均得到扩增，且扩增片段大小与预期片段大小一致，而阴性对照中仅扩增出 *zSSIIb* 基因片段，空白对照中没有任何扩增片段，表明 PCR 反应体系正常工作，否则重新检测。

8.2 样品检测结果分析和表述

8.2.1 *zSSIIb* 内标准基因和 MIR604 转化体特异性序列均得到了扩增，且扩增片段大小与预期片段大小一致，表明样品中检测出转基因抗虫玉米 MIR604 转化体成分，表述为“样品中检测出转基因抗虫玉米 MIR604 转化体成分，检测结果为阳性”。

8.2.2 *zSSIIb* 内标准基因片段得到扩增，且扩增片段大小与预期片段大小一致，而 MIR604 转化体特异性序列未得到扩增，或扩增片段大小与预期片段大小不一致，表明样品中未检测出抗虫玉米 MIR604 转化体成分，表述为“样品中未检测出抗虫玉米 MIR604 转化体成分，检测结果为阴性”。

8.2.3 *zSSIIb* 内标准基因片段未得到扩增，或扩增片段大小与预期片段大小不一致，表明样品中未检测出玉米成分，表述为“样品中未检测出玉米成分，检测结果为阴性”。

附 录 A
(资料性附录)
抗虫玉米 MIR604 转化体特异性序列

1 TCGCGCGCGG TGTCATCTAT GTTACTAGAT CTGCTAGCCC TGCAGGAAAT
51 TTACCGGTGC CCGGGCGGCC AGCATGGCCG TATCCGCAAT GTGTTATTAA
101 GAGTTGGTGG TACGGGTACT TTAACTAACG AGGTGTGTCG CG

注:划线部分为引物序列。

ICS 65.220.01
B 04

中华人民共和国国家标准

农业部1485号公告—17—2010

转基因生物及其产品食用安全检测 外源基因异源表达蛋白质等同性分析导则

Food safety detection of genetically modified organisms and derived products—The guideline for equivalence analysis of foreign proteins derived from different organisms

2010-11-15 发布　　2011-01-01 实施

中华人民共和国农业部 发布

前　　言

本标准按照 GB/T 1.1—2009 给出的规则起草。

本标准由中华人民共和国农业部提出。

本标准由全国农业转基因生物安全管理标准化技术委员会(SAC/TC 276)归口。

本标准起草单位:农业部科技发展中心、中国农业大学。

本标准主要起草人:黄昆仑、刘信、贺晓云、许文涛、沈平、罗云波、车会莲、李欣。

转基因生物及其产品食用安全检测 外源基因异源表达蛋白质等同性分析导则

1 范围

本标准规定了同一个基因在不同转基因生物中表达的蛋白质的等同性分析导则。

本标准适用于分析比较同一个基因在不同转基因生物中表达的蛋白质的等同性。

2 术语和定义

下列术语和定义适用于本文件。

2.1

蛋白质等同性　equivalence of protein

同一基因在不同生物体内表达的蛋白质在结构、理化特性、生物活性等方面的一致性。

2.2

免疫原性　immunogenicity

蛋白质与抗体(单克隆或多克隆)发生抗原抗体结合反应的能力。

2.3

翻译后修饰　post-translational modification

蛋白质多肽链在核糖体装配期间和装配之后的共价修饰,如磷酸化、糖基化等。

2.4

一级结构　primary structure

蛋白质中共价连接的氨基酸残基的排列顺序。

2.5

生物活性　bioactivity

蛋白质特有的生物学或生物化学功能。

2.6

耐除草剂活性　herbicide resistance

耐除草剂的蛋白质对特定除草剂的分解或耐受作用。

2.7

抗虫活性　insect resistance

抗虫的蛋白质对靶标昆虫的抑制或杀伤能力。

3 分析原则

对外源基因在不同生物中表达的蛋白质进行等同性分析时,从结构、理化特性和生物活性等多方面对两种来源的蛋白质的等同性进行分析。

4 分析指标

4.1 理化特性

4.1.1 表观分子质量

4.1.1.1 分析方法主要有十二烷基硫酸钠—聚丙烯酰胺凝胶电泳(SDS-PAGE)、质谱法等。

4.1.1.2 十二烷基硫酸钠—聚丙烯酰胺凝胶电泳是在样品介质和聚丙烯酰胺凝胶中加入离子去污剂和强还原剂,蛋白质亚基的电泳迁移率主要取决于亚基分子量的大小,而与电荷无关。当蛋白质的分子量在 15 000~200 000 之间时,电泳迁移率与分子量的对数呈线性关系,可测定蛋白质亚基的分子量。

4.1.1.3 质谱法是用电场和磁场将运动的离子(带电荷的原子、分子或分子碎片)按它们的质荷比分离后进行检测,根据分子离子峰的质荷比可确定分子量。

4.1.2 免疫原性

4.1.2.1 分析方法主要有蛋白印迹、酶联免疫吸附试验等。

4.1.2.2 蛋白印迹是先将蛋白通过 SDS-PAGE 电泳分离,再利用电场力的作用将胶上的蛋白转移到固相载体(常用硝酸纤维素膜)上,然后加抗体形成抗原抗体复合物,利用发光或显色方法将结果显示到膜或底片上,推断目的蛋白能否与抗体发生结合反应。

4.1.2.3 酶联免疫吸附试验是先将抗原或抗体包被于固相载体(常用 96 孔板)的表面,与待检样品中的相应抗体或抗原发生反应,再加入酶标记抗体或抗原与免疫复合物结合,最后加入酶的作用底物,观测产物颜色的深浅或测定其吸光度值,可分析抗原抗体结合情况,推断目的蛋白能否与抗体发生结合反应。

4.1.3 翻译后修饰

4.1.3.1 分析方法主要有过碘酸-Shiff 反应检测糖基化修饰、质谱法等。

4.1.3.2 过碘酸-Shiff 反应是用过碘酸将蛋白质糖侧链中的乙二醇基氧化为乙二醛基,后者再与 Schiff 试剂中的亚硫酸品红反应,形成紫红色不溶性反应产物,沉积于多糖存在的部位,可推断该蛋白质是否发生糖基化修饰。

4.1.3.3 质谱法测定蛋白质分子量后,与理论推测数值进行比较,可分析蛋白质分子质量的变化,从而推断该蛋白是否发生翻译后修饰;对肽谱的进一步分析,可以具体推测修饰种类和位点。

4.2 一级结构

4.2.1 分析方法主要有蛋白质 N 端或 C 端测序测定部分氨基酸序列、质谱法测定肽质量指纹谱等。

4.2.2 氨基酸测序分为 N 端测序和 C 端测序,是用酶法或化学法将氨基酸从肽链一端依次切下,并在规定时间内检测切下的氨基酸的种类,从而测定 N 端或 C 端的氨基酸序列。

4.2.3 肽质量指纹谱是蛋白质被识别特异酶切位点的蛋白酶水解后得到的肽片段的质量图谱。采用基质辅助激光解析电离飞行时间质谱(MALDI-TOF-MS)测得肽质量指纹谱。

4.3 生物活性

4.3.1 耐除草剂活性

适用于具有耐除草剂活性的外源蛋白质的活性检测。

4.3.2 抗虫活性

适用于具有抗虫活性的外源蛋白质的活性检测。

4.3.3 其他活性

根据蛋白质的具体生物活性采取相应的检测活性的方法。

5 分析指标选择

5.1 测定外源基因在两种生物中表达的蛋白质的分子量,且与预测分子量进行比较。如果测定值与预测值不符,可根据需要进行翻译后修饰分析;如果测定值与预测值相符,则按 5.2~5.4 进行进一步分析。

5.2 对两种来源的蛋白质进行一级结构鉴定,并与预测的氨基酸序列进行比较。如果该外源蛋白质已经进行了充分的研究，具有完善的背景资料，可以不做原转基因生物中表达的蛋白质的一级结构鉴定。

5.3 当有适用的抗体或免疫检测方法时，要对两种来源的蛋白质进行免疫原性测定。

5.4 已知外源蛋白质具有某种特定的生物活性时，要对两种来源的蛋白质进行生物活性分析。

6 结果判断

如果两种来源的蛋白在理化特性、一级结构、生物活性等方面均表现出一致性，则认为这两种蛋白具有等同性；如果分析指标中出现差异，则具体情况具体分析。

ICS 65.020.01
B 04

中华人民共和国国家标准

农业部1485号公告—18—2010

转基因生物及其产品食用安全检测 外源蛋白质过敏性生物信息学分析方法

Food safety detection of genetically modified organisms and derived products—The analytical method of the allergenicity of foreign protein by using bioinformatics tools

2010-11-15 发布 2011-01-01 实施

中华人民共和国农业部 发布

前　　言

本标准按照 GB/T 1.1—2009 给出的规则起草。

本标准由中华人民共和国农业部提出。

本标准由全国农业转基因生物安全管理标准化技术委员会(SAC/TC 276)归口。

本标准起草单位:农业部科技发展中心、中国农业大学。

本标准主要起草人:黄昆仑、段武德、李欣、贺晓云、刘信、许文涛、罗云波。

转基因生物及其产品食用安全检测
外源蛋白质过敏性生物信息学分析方法

1 范围

本标准规定了利用生物信息学工具对外源蛋白质进行过敏性分析的方法。

本标准适用于利用生物信息学工具对转基因生物及其产品中外源蛋白质进行过敏性分析。

2 术语和定义

下列术语和定义适用于本文件。

2.1

外源蛋白质 foreign protein

用基因工程手段转入生物体内的外源基因所表达的蛋白质。

2.2

过敏性 allergenicity

外来物质(如花粉、粉尘螨、霉菌、部分食物等)诱发机体免疫系统产生过敏反应的性质。

2.3

过敏性生物信息学分析 bioinformatics analysis of allergenicity

利用生物信息学工具,将待测蛋白质序列与数据库中的已知过敏原进行序列同源性比对,分析待测蛋白质是否具有潜在的过敏性。

2.4

E 值 E value

生物信息学比对软件(常用 BLAST、FASTA)的计算值,反映待测蛋白质与比对序列的相似程度,相似程度越高,E 值越小。

3 原理

利用生物信息学工具将待测蛋白质的氨基酸序列与过敏原数据库中的已知过敏原进行序列相似性比对,判断该蛋白质是否具有潜在的过敏性。如待测蛋白质的 80 个氨基酸序列与已知过敏原存在 35%以上的同源性或待测蛋白质与已知过敏原序列存在至少 8 个连续相同的氨基酸,则该蛋白质具有潜在过敏性的可能性较高。方法参见附录 A。

4 评价指标

4.1 全长比对

适用于小于 80 个氨基酸的待测蛋白质。将待测蛋白质氨基酸序列与数据库中已知过敏原序列进行全长比对。E 值小于或等于 0.01,判断待测蛋白质与已知过敏原具有较高的序列同源性。

4.2 80 个氨基酸序列比对

适用于大于 80 个氨基酸的待测蛋白质。将待测蛋白质氨基酸序列中每 80 个氨基酸序列作为一个序列单位与数据库中已知过敏原序列进行比对。若其中一段或几段 80 个氨基酸序列与已知过敏原的序列同源性大于或等于 35%,判断待测蛋白质与已知过敏原具有较高的序列同源性。

4.3 8 个连续氨基酸比对

将待测蛋白质氨基酸序列与数据库中已知过敏原序列进行比对。如果待测蛋白质氨基酸序列与已知过敏原具有完全匹配的 8 个连续氨基酸，判断待测蛋白质与已知过敏原具有较高的序列同源性。

5 结果表述

5.1 比对结果满足以下条件之一时，结果表述为"××蛋白质与××已知过敏原存在较高的序列同源性，其潜在过敏性的可能性较高"：

——外源蛋白质全长比对结果 E 值小于或等于 0.01；或外源蛋白质的 80 个氨基酸序列与已知过敏原有大于或等于 35%的序列同源性；

——外源蛋白质与已知过敏原有 8 个连续相同的氨基酸序列。

5.2 比对结果同时满足以下条件时，结果表述为"××蛋白与已知过敏原不存在较高的序列同源性，其潜在过敏性的可能性较低"：

——外源蛋白质全长比对结果 E 值大于 0.01；或外源蛋白质的 80 个氨基酸序列与已知过敏原的序列同源性均小于 35%；

——外源蛋白质与已知过敏原没有 8 个连续相同的氨基酸序列。

附　录　A
(资料性附录)
外源蛋白质过敏性生物信息学分析方法示例

以两个在线数据库为例,说明比对过程如下:

A.1　在线过敏原数据库(The Allergen Online Database)

网址 http://www.allergenonline.com。以最新版本为准。

A.1.1　进入在线过敏原数据库

输入在线过敏原数据库网址 http://www.allergenonline.com/databasefasta.asp,网站首页见图 A.1。

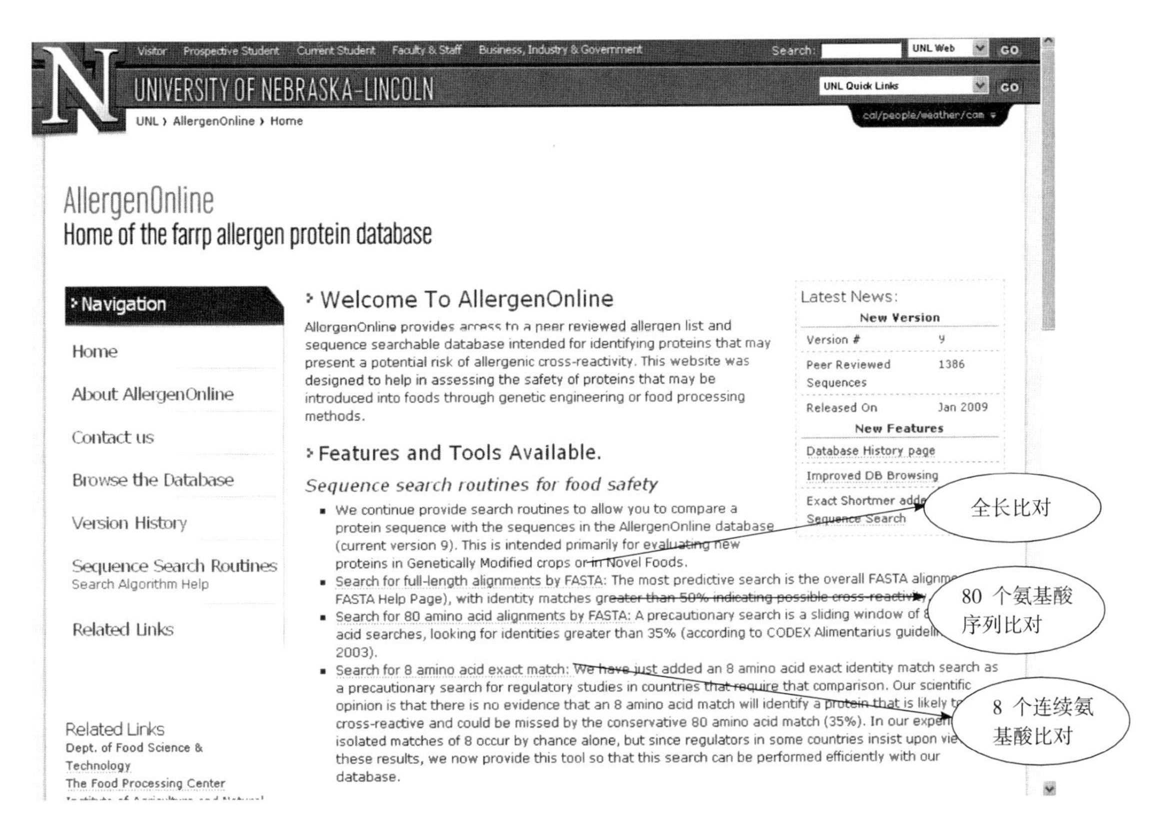

图 A.1　在线过敏原数据库(The Allergen Online Database)首页

A.1.2　输入待测蛋白质氨基酸序列

点击图 A.1 中任意一个标题链接,进入序列输入界面,将待测外源蛋白质氨基酸全序列以 FASTA 格式(氨基酸序列用大写单字母表示)输入文本框。在打开的界面(图 A.2)中,将进行分析的外源蛋白质英文名称输入序列输入框,在外源蛋白质英文名称前用数学符号“>”引导,以便与序列数据区别。换行后输入外源蛋白质氨基酸全序列,或者直接输入氨基酸序列。

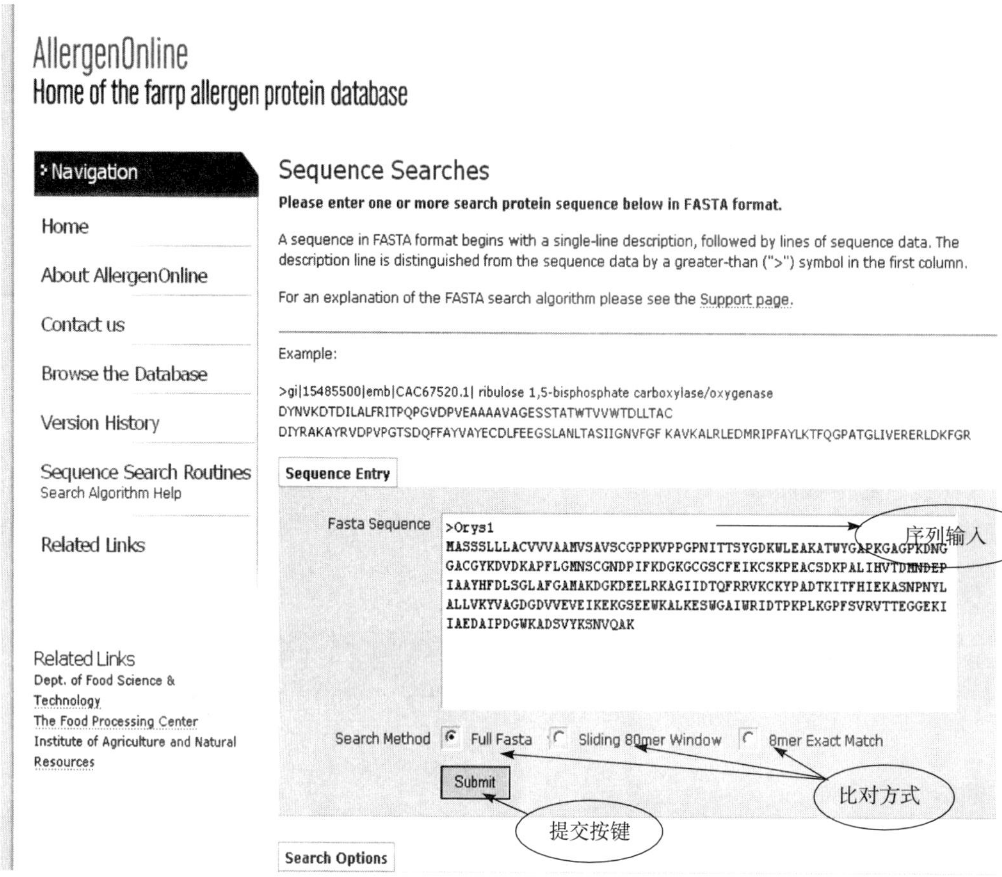

图 A.2 在线过敏原数据库(The Allergen Online Database)序列输入与比对方法选择

A.1.3 全长比对

输入外源蛋白质氨基酸全序列后，在三个比对方式的复选框中点击选择比对方式 Full Fasta ，点击 Submit 按钮提交。

A.1.4 80 个氨基酸序列比对

输入外源蛋白质氨基酸全序列后，点击 Sliding 80 mer Window ，点击 Submit 按钮提交。

A.1.5 8 个连续氨基酸比对

输入外源蛋白质氨基酸全序列后，点击 8 mer Exact Match ，点击 Submit 按钮提交。

A.2 过敏蛋白结构数据库(Structural Database of Allergenic Proteins)

网址 http://fermi.utmb.edu/SDAP/sdap_src.html。以最新版本为准。

A.2.1 进入过敏蛋白结构数据库

输入过敏蛋白结构数据库网址 http://fermi.utmb.edu/SDAP/sdap_src.html，网站首页见图 A.3。

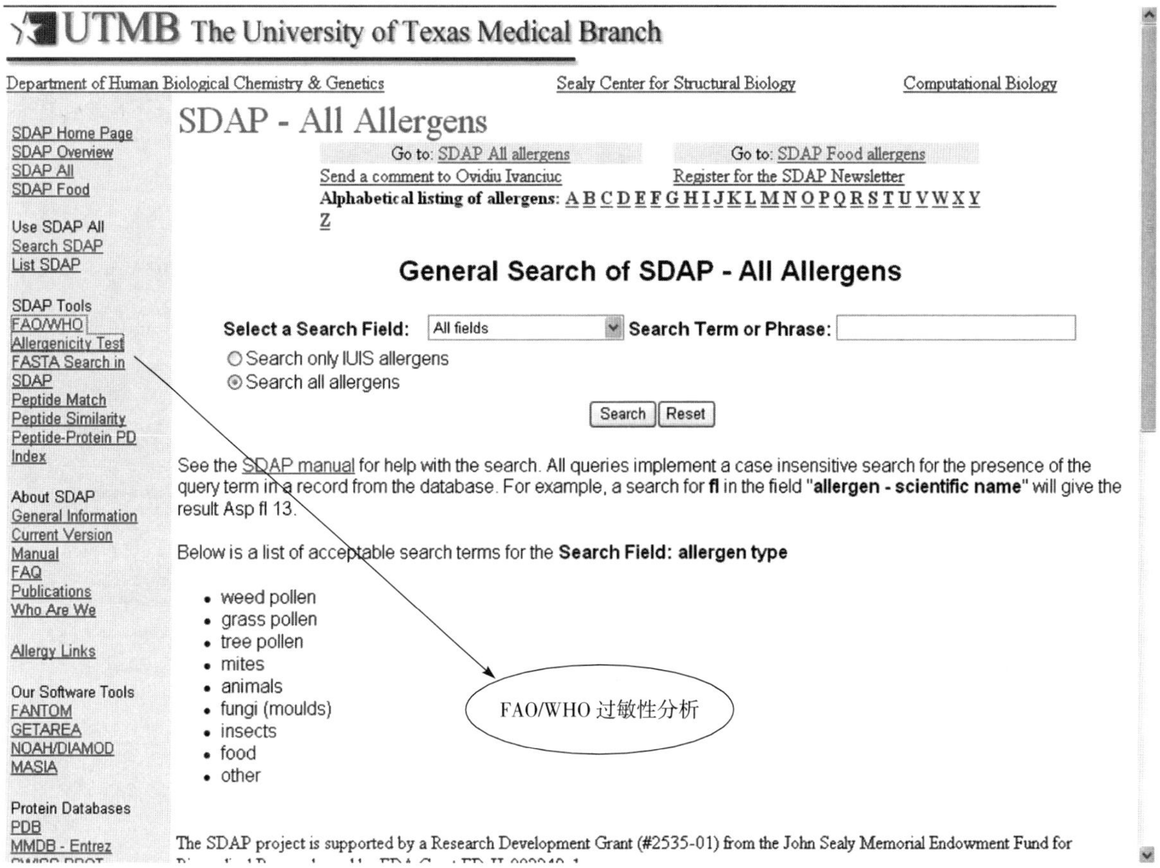

UTMB The University of Texas Medical Branch

Department of Human Biological Chemistry & Genetics　Sealy Center for Structural Biology　Computational Biology

SDAP Home Page
SDAP Overview
SDAP All
SDAP Food

Use SDAP All
Search SDAP
List SDAP

SDAP Tools
FAO/WHO
Allergenicity Test
FASTA Search in SDAP
Peptide Match
Peptide Similarity
Peptide-Protein PD
Index

About SDAP
General Information
Current Version
Manual
FAQ
Publications
Who Are We

Allergy Links

Our Software Tools
FANTOM
GETAREA
NOAH/DIAMOD
MASIA

Protein Databases
PDB
MMDB - Entrez

SDAP - All Allergens

Go to: SDAP All allergens　Go to: SDAP Food allergens

Send a comment to Ovidiu Ivanciuc　Register for the SDAP Newsletter

Alphabetical listing of allergens: A B C D E F G H I J K L M N O P Q R S T U V W X Y Z

General Search of SDAP - All Allergens

Select a Search Field: All fields **Search Term or Phrase:**

○ Search only IUIS allergens
◉ Search all allergens

Search Reset

See the SDAP manual for help with the search. All queries implement a case insensitive search for the presence of the query term in a record from the database. For example, a search for **fl** in the field **"allergen - scientific name"** will give the result Asp fl 13.

Below is a list of acceptable search terms for the **Search Field: allergen type**

- weed pollen
- grass pollen
- tree pollen
- mites
- animals
- fungi (moulds)
- insects
- food
- other

FAO/WHO 过敏性分析

The SDAP project is supported by a Research Development Grant (#2535-01) from the John Sealy Memorial Endowment Fund for

图 A.3　过敏蛋白结构数据库(Structural Database of Allergenic Proteins)首页

A.2.2　输入待测蛋白质氨基酸序列

点击FAO/WHO Allergenicity Test,进入序列比对页面(图 A.4),输入序列名称与氨基酸序列。

A.2.3　全长比对

选择Full FASTA alignment,条件为默认0.01,点击Search。

A.2.4　80 个氨基酸序列比对

选择 FASTA alignments for an 80 amino acids sliding window，比对条件为默认的35，点击Search。

A.2.5　8 个连续氨基酸比对

选择Exact match for contiguous amino acids,比对条件设定为8,点击Search。

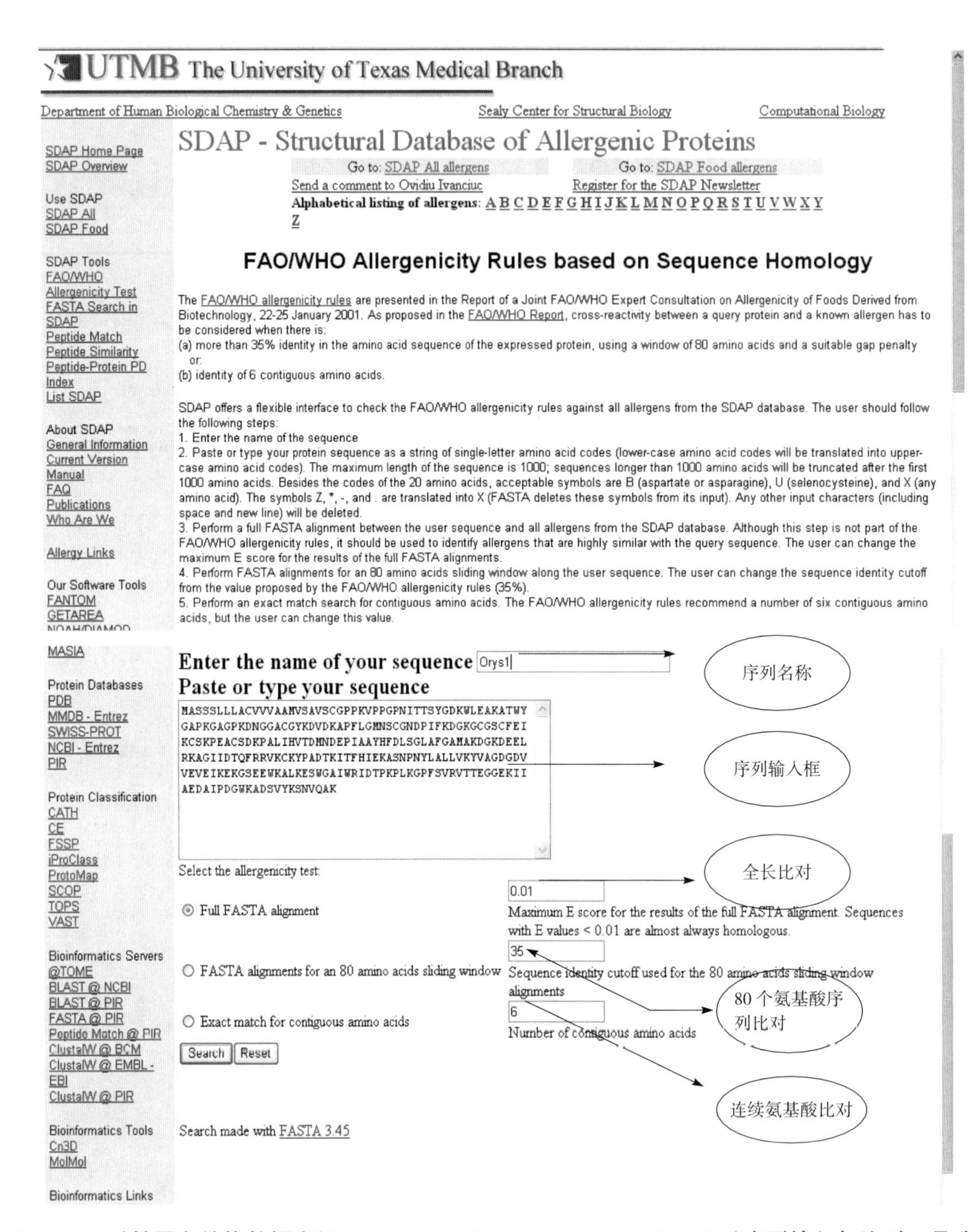

图 A.4　过敏蛋白结构数据库(Structural Database of Allergenic Proteins)序列输入与比对工具选择

ICS 65.220.01
B 04

中华人民共和国国家标准

农业部1485号公告—19—2010

转基因植物及其产品成分检测 基体标准物质候选物鉴定方法

Detection of genetically modified plants and derived products—Methods for identification of matrix reference material candidate

2010-11-15 发布　　　　2011-01-01 实施

中华人民共和国农业部　发布

前　　言

本标准按照 GB/T 1.1—2009 给出的规则起草。

本标准由中华人民共和国农业部科技教育司提出。

本标准由全国农业转基因生物安全管理标准化技术委员会(SAC/TC 276)归口。

本标准起草单位:农业部科技发展中心、上海交通大学、吉林省农业科学院、中国计量科学研究院、中国农业科学院油料作物研究所、上海生命科学院植物生理生态研究所。

本标准主要起草人:沈平、刘信、张明、张大兵、厉建萌、卢长明、王晶、杨立桃、张景六、李飞武、李允静。

转基因植物及其产品成分检测 基体标准物质候选物鉴定方法

1 范围

本标准规定了转基因植物及其产品成分检测基体标准物质候选物鉴定的程序和方法。

本标准适用于转基因植物及其产品成分检测基体标准物质候选物的筛选和鉴定。

2 规范性引用文件

下列文件对于本文件的应用是必不可少的。凡是注日期的引用文件，仅注日期的版本适用于本文件。凡是不注日期的引用文件，其最新版本(包括所有的修改单)适用于本文件。

JJF 1006 一级标准物质

NY/T 673 转基因植物及其产品检测 抽样

NY/T 674 转基因植物及其产品检测 DNA 提取和纯化

3 术语和定义

下列术语和定义适用于本标准。

3.1

基体标准物质 matrix reference material

利用植物器官制备形成的标准物质。

3.2

基体标准物质候选物 matrix reference material candidate

可用于制备基体标准物质的材料，如转基因植物及对应的非转基因植物的籽粒、叶片等。

3.3

典型性 identity

转基因植物基体标准物质候选物的典型性，是指含有特定转化体，但不含其他任何转化体的特性。

非转基因植物基体标准物质候选物的典型性，是指含有特定转化体的受体(或近等基因系)但不含有任何转化体的特性。

3.4

转化体纯度 event purity

含有特定转化体的个体数(包括纯合体和杂合体个体数)占供试个体数的百分率。

3.5

转化体纯合度 event zygosity

折算成特定转化体的纯合体数占供试特定转化体个体数的百分率。

4 要求

4.1 转基因植物基体标准物质候选物应优先选用可繁殖的材料，如种子等，还应符合以下要求：

——重量应不少于 2.5 kg；

——选择同一物种同一组织器官；

——典型性、转化体纯度和转化体纯合度应满足待定特性量的量值范围要求；

——JJF 1006 规定的关于候选物的要求。

4.2 转基因植物基体标准物质候选物鉴定机构应符合以下要求：

——具有资质的转基因产品成分检测机构；

——具备标准物质候选物鉴定所需的仪器设备和环境设施。

4.3 转基因植物基体标准物质候选物鉴定人员应符合以下要求：

——具备转基因产品检测和标准物质研制等相关业务知识；

——在开展候选物鉴定工作前，接受相关技术和业务知识培训。

4.4 转基因植物基体标准物质候选物鉴定方法应符合以下要求：

——及时查询同物种的其他转化体的信息，对检测方法进行验证，确保最大范围内对候选物开展典型性鉴定；

——优先选择国家标准、行业标准、国内技术规范、国际标准。若缺少上述标准方法，可按鉴定机构“非标采标程序”采用适用于候选物鉴定的方法。

5 鉴定方法

5.1 抽样

对用于转基因植物基体标准物质候选物鉴定的样品，抽样按 NY/T 673 的规定执行。

5.2 试样制备

5.2.1 典型性鉴定试样制备

取样个体数不少于 3 000，混合均匀，充分研磨。

5.2.2 转化体纯度和纯合度鉴定试样制备

取样个体数不少于 100，进行单个体处理(如单粒研磨、取单株叶片研磨等)。

5.3 DNA 模板制备

按 NY/T 674 的规定执行。

5.4 典型性鉴定

5.4.1 概述

按特定的转化体特异性检测方法，检测转基因植物基体标准物质候选物是否含有特定转化体。

利用同物种其他转化体的特异性检测方法，检测转基因植物基体标准物质候选物中是否含有其他转化体。

5.4.2 转基因植物候选物典型性鉴定

按下列步骤执行：

a) 特定的转化体特异性检测结果为阴性，终止检测；

b) 特定的转化体特异性检测结果为阳性，继续进行同物种其他转化体的检测；

c) 同物种其他转化体检测结果为阳性，终止检测；

d) 同物种其他转化体检测结果为阴性，进行特定的转化体纯度和纯合度检测。

5.4.3 对应的非转基因植物候选物典型性鉴定

按下列步骤执行：

a) 特定的转化体特异性检测结果为阳性，终止检测；

b) 特定的转化体特异性检测结果为阴性，继续进行同物种其他转化体的检测。

5.5 转化体纯度和纯合度鉴定

5.5.1 转化体纯度鉴定与计算

按特定的转化体特异性检测方法，对转基因植物候选物进行转化体特异性检测，记录含特定转化体个体数。

转化体纯度(X)按式(1)计算：

$$X(\%) = \frac{a}{n} \times 100 \quad \cdots\cdots (1)$$

式中：

a——含特定转化体个体数；

n——鉴定的样品总个体数。

5.5.2 转化体纯合度鉴定与计算

利用适用于转基因植物转化体纯合度检测的方法，对转基因植物候选物进行转化体纯合度检测，记录纯合体个体数。

转化体纯合度(Y)按式(2)计算：

$$Y(\%) = \frac{b + 1/2 \times (a - b)}{a} \times 100 \quad \cdots\cdots (2)$$

式中：

a——含特定转化体个体数；

b——纯合体个体数。

5.5.3 转基因成分含量估算

转基因成分含量估算值(Z)按式(3)计算：

$$Z(\%) = X \times Y \times 100 \quad \cdots\cdots (3)$$

式中：

X——转化体纯度；

Y——转化体纯合度。

6 判定

6.1 判定依据

6.1.1 典型性鉴定判定依据

转基因植物基体标准物质候选物的转化体特异性检测结果为阳性，其他转化体特异性检测结果为阴性，表明转基因植物候选物的典型性符合要求；

对应的非转基因植物候选物的转化体检测结果和其他转化体检测结果均为阴性，表明非转基因植物候选物的典型性符合要求。

6.1.2 转化体纯度和纯合度鉴定判定依据

转基因植物基体标准物质候选物的转化体纯度(5.5.1)不低于待定特性量值的 2 倍或转基因成分含量估算值(5.5.3)不低于待定特性量值，表明转基因植物基体标准物质候选物的转化体纯度和转化体纯合度符合要求。

6.2 结果判定

转基因植物基体标准物质候选物典型性符合要求，且转化体纯度或转基因成分含量估算值符合要求，表明该候选物适合用作转基因植物基体标准物质候选物；反之，不适合。

非转基因植物基体标准物质候选物典型性符合要求，表明该候选物适合用作非转基因植物基体标准物质候选物；反之，不适合。

ICS 65.120
B 46

中华人民共和国国家标准

农业部1486号公告—1—2010

饲料中苯乙醇胺A的测定 高效液相色谱—串联质谱法

Determination of phenylethanolamine A of in feeds—
High performance liquid chromatography-tandem mass spectrometry

2010-11-16 发布 2010-11-16 实施

中华人民共和国农业部 发布

前　　言

本标准按照 GB/T 1.1 给出的规则起草。

本标准由全国饲料工业标准化技术委员会(SAC/TC 76)归口。

本标准主要起草单位:中国农业科学院农业质量标准与检测技术研究所[国家饲料质量监督检验中心(北京)]、农业部饲料质量监督检验测试中心(成都)。

本标准主要起草人:索德成、李云、赵根龙、赵立军、张苏、李兰、张静、宋荣、冯忠华、邱静、柏凡、杨曙明、苏晓鸥。

饲料中苯乙醇胺 A 的测定
高效液相色谱—串联质谱法

1 范围

本标准规定了饲料中苯乙醇胺 A 的高效液相色谱串联质谱的测定方法。

本标准适用于配合饲料、添加剂预混合饲料和浓缩饲料中苯乙醇胺 A 的测定。

方法最低检出限为 0.02 mg/kg，最低定量限为 0.05 mg/kg。

2 规范性引用文件

下列文件对于本文件的应用是必不可少的。凡是注日期的引用文件，仅注日期的版本适用于本文件。凡是不注日期的引用文件，其最新版本（包括所有的修改单）适用于本文件。

GB/T 6682　分析实验室用水规格和试验方法（GB/T 6682—2008，ISO 3696:1987，MOD）

GB/T 20195　动物饲料　试样的制备

3 术语和定义

下列术语和定义适用于本文件。

3.1

苯乙醇胺 A　phenylethanolamine A

化学命名为 2-[4-(4-硝基苯基)丁基-2-基氨基]-1-(4-甲氧基苯基)乙醇，俗称克伦巴胺。分子量为 344.17，分子式 $C_{19}H_{24}N_2O_4$，英文名称 2-[4-(nitrophenyl)butan-2-ylamino]-1-(4-methoxyphenyl)ethanol。化学结构式如下：

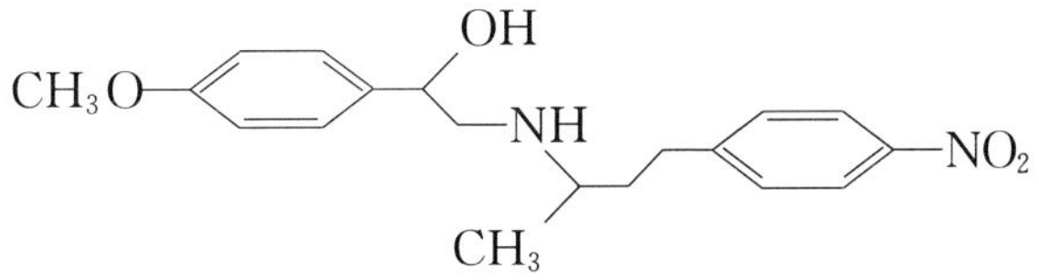

OH　CH_3O　NH　NO_2　CH_3

4 原理

样品中的苯乙醇胺 A 以甲酸甲醇溶液提取，提取液经过固相萃取柱净化，用高效液相色谱串联质谱法进行测定，外标法定量。

5 试剂和材料

除方法另有规定外，试剂均为分析纯，实验室用水符合 GB/T 6682 中一级水的规定。

5.1　乙腈：色谱纯。

5.2　甲醇。

5.3　甲酸：优级纯。

5.4　苯乙醇胺 A 对照品：纯度≥95%。

5.5　混合性阳离子固相萃取柱（MCX）：3 cc，60 mg。

5.6　0.1%甲酸溶液：取甲酸 1.0 mL 加水定容至 1 000 mL，摇匀，即得。

5.7 甲酸甲醇溶液:取甲酸 0.1 mL,加甲醇定容至 100 mL,摇匀,即得。

5.8 稀释液:取 0.1%甲酸溶液(5.6)90 mL 加乙腈至 100 mL,摇匀,即得。

5.9 氨化甲醇溶液:取氨水 5 mL,加入甲醇(5.2)100 mL,混匀。

5.10 标准储备液:100 μg/mL,准确称取苯乙醇胺 A,用甲醇配制成 100 μg/mL 的标准储备液,−18℃避光保存备用,有效期为六个月。

5.11 标准中间液:1 μg/mL,吸取苯乙醇胺 A 标准储备溶液(5.10),用甲醇稀释成 1 μg/mL,−18℃避光保存,有效期为三个月。

5.12 标准工作溶液:根据需要,分别吸取标准中间液(5.11)适量,用稀释液(5.8)稀释配制成浓度范围为 0.01 μg/mL、0.02 μg/mL、0.05 μg/mL、0.1 μg/mL、0.2 μg/mL、0.5 μg/mL 的标准工作溶液,现配现用。

6 仪器和设备

6.1 实验室常用仪器、设备。

6.2 电子天平:感量 0.000 1 g、感量 0.001 g。

6.3 离心机:可达 5 000 r/min(相对离心力为 2 988 g)。

6.4 超声水浴。

6.5 固相萃取装置。

6.6 高效液相色谱串联质谱仪:配电喷雾离子源(ESI)。

6.7 氮吹装置。

6.8 有机滤膜:0.22 μm。

7 试样制备

按照 GB/T 20195 的规定制备样品,全部通过 0.28 mm 孔筛,混匀,装入密闭容器中,避光低温保存,备用。

8 操作方法

8.1 试样提取

称取饲料试样 2 g(精确到 0.001 g),置于 50 mL 离心管中,准确加入甲酸甲醇溶液(5.7)20 mL,充分摇动 30 s,再置于超声水浴中超声提取 20 min,期间摇动 2 次;取出后,于离心机上 5 000 r/min 离心 5 min,取上清液,备用。

8.2 试样净化

固相萃取柱(5.5)分别用 3 mL 甲醇和 3 mL 水活化,准确移取 5 mL 上清液(8.1)过柱,用 3 mL 水、3 mL 甲醇淋洗,近干后用 3 mL 氨化甲醇溶液(5.9)洗脱,收集洗脱液。在氮吹装置上 50℃下用氮气吹干,准确加入 1 mL 稀释液(5.8)溶解,过 0.22 μm 微孔滤膜,上 LC-MS/MS 测定。若样品液中含有的药物浓度超出线性范围,进样前用一定体积的稀释液稀释,使稀释后上机液中的药物浓度在线性范围内。

8.3 测定

8.3.1 液相色谱参考条件

色谱柱:C_{18} 柱,柱长 150 mm,柱内径 2.1 mm,粒度 3.5 μm 或相当性能的分析柱。

柱温:30℃。

流动相:0.1%甲酸溶液;乙腈,梯度洗脱条件见表 1。

表1 流动相梯度洗脱条件

时间,min	0.1%甲酸溶液,%	乙腈,%
0	95	5
9	40	60
9.1	95	5
12	95	5

流速:0.20 mL/min。

进样量:20 μL。

8.3.2 **质谱参考条件**

离子源:电喷雾离子源。

扫描方式:正离子扫描。

检测方式:多反应监测 MRM。

使用前,应调节各气体流量,以使质谱灵敏度达到检测要求。

质谱参数应优化至最佳。

定性离子对、定量离子对及碰撞能量的参考值见表2。

表2 苯乙醇胺A的定性、定量离子对及碰撞能量的参考值

名称	定性离子对,m/z	定量离子对,m/z	参考碰撞能量,V
苯乙醇胺A	345/327	345/150	20
	345/150		20

8.3.3 **定性测定**

在相同试验条件下,样品中待测物的保留时间与标准工作液的保留时间偏差在±2.5%之内,并且样品谱图中各组分定性离子的相对丰度与浓度接近标准工作液中对应的定性离子对的相对丰度进行比较,若偏差不超过表3规定的范围,则可判定为样品中存在对应的待测物。

表3 定性确证时相对离子丰度的最大允许误差

单位为%

相对离子丰度	>50	>20~50	>10~20	≤10
允许的最大偏差	±20	±25	±30	±50

8.3.4 **定量测定**

按照上述液相色谱—串联质谱条件测定样品和标准工作溶液,以色谱峰面积进行单点或多点校正定量,样品溶液中待测物的响应值应在仪器测定的线性范围内。上述色谱和质谱条件下,苯乙醇胺A对照品的色谱质谱图见附录A。

9 结果计算

试样中苯乙醇胺A的X以质量分数(mg/kg)表示,测定结果可由计算机外标法自动计算,也可按式(1)计算。

$$X=\frac{P_i \times V \times c_i \times V_3 \times 1\ 000}{P_{st} \times m \times V_2 \times 1\ 000} \quad \cdots\cdots (1)$$

式中:

P_i——试样溶液中苯乙醇胺A的峰面积值;

V——试样提取液体积,单位为毫升(mL);

c_i——苯乙醇胺A标准溶液浓度,单位为微克每毫升(mg/mL);

V_2——净化时分取溶液的体积，单位为毫升(mL)；
P_{st}——标准溶液峰面积平均值；
m——试样质量，单位为克(g)；
V_3——上机前定容体积，单位为毫升(mL)。

测定结果用平行测定的算术平均值表示，结果保留三位有效数字。

10 重复性

同一分析者对同一试样同时两次平行测定结果的相对偏差不大于 20%。

附 录 A
(资料性附录)
苯乙醇胺A的液相色谱—质谱图

A.1 苯乙醇胺A标准溶液(50 μg/L)的色谱图见图A.1。

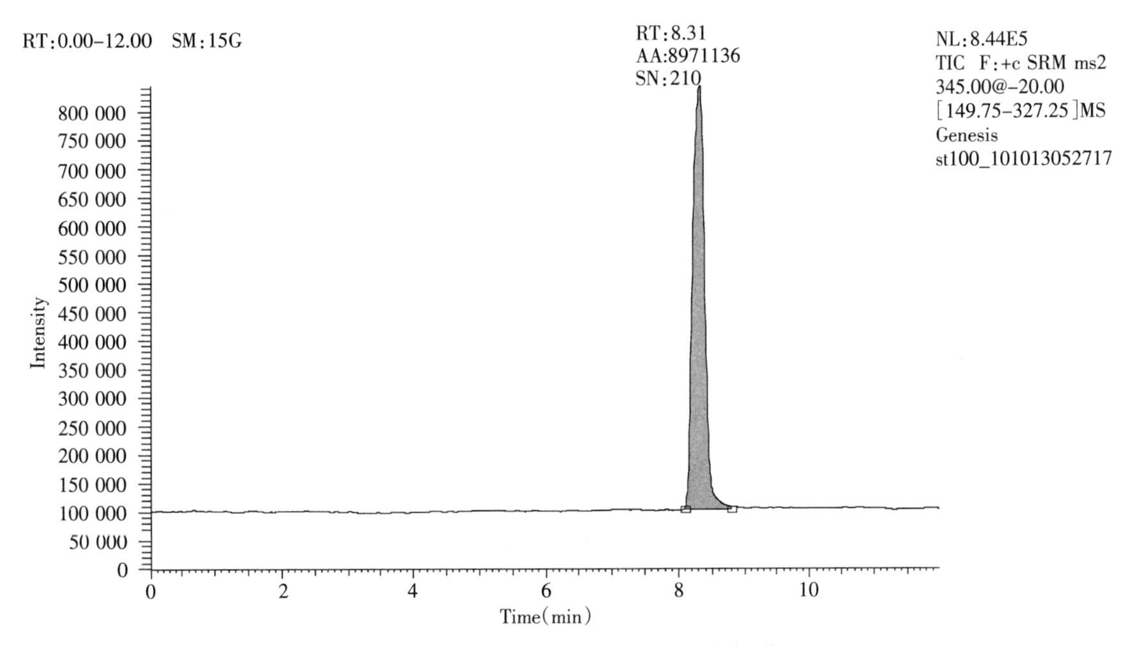

图A.1 标准溶液(50 μg/L)的色谱图

A.2 苯乙醇胺A标准溶液(50 μg/L)的全扫描质谱图见图A.2。

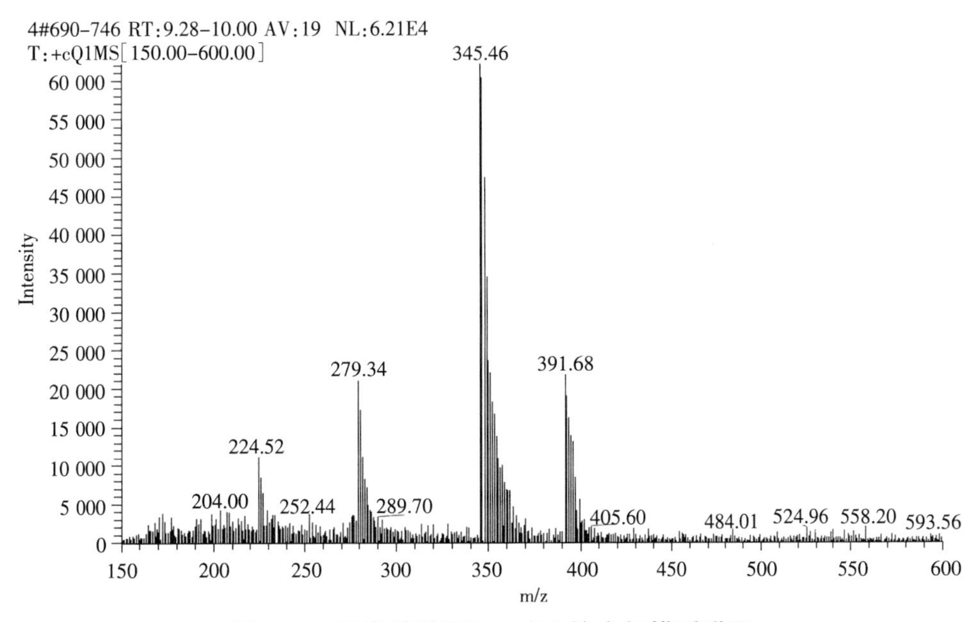

图A.2 标准溶液(50 μg/L)的全扫描质谱图

A.3 苯乙醇胺 A 标准溶液(50 μg/L)的母离子(m/z 345)二级子离子扫描质谱图见图 A.3。

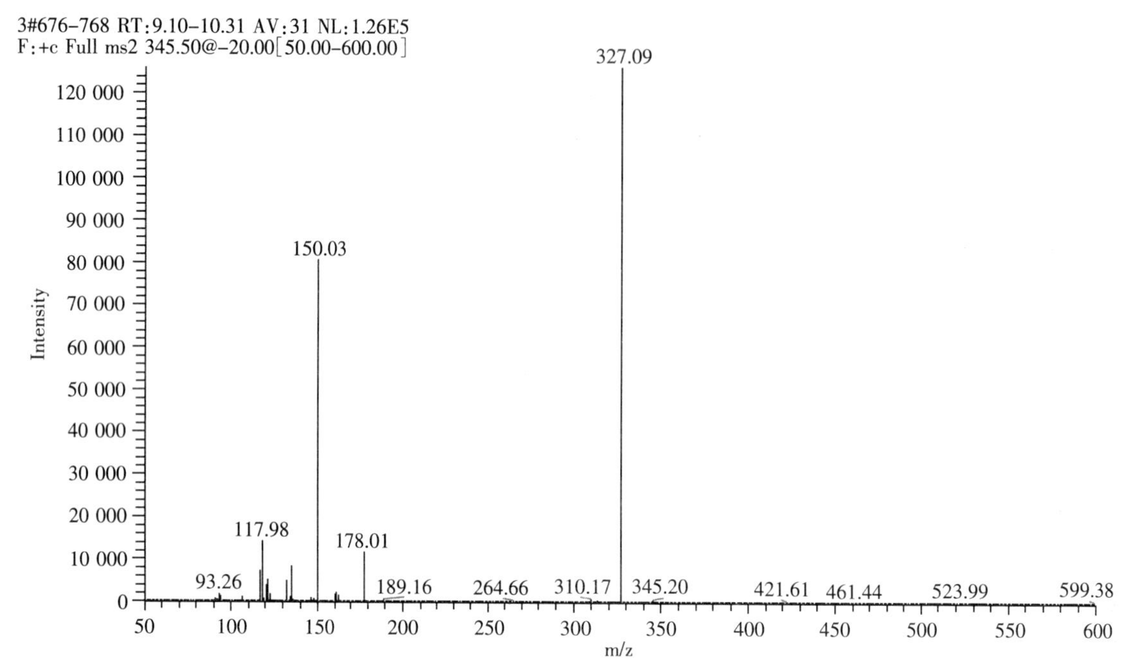

图 A.3 标准溶液(50 μg/L)的母离子(m/z 345)二级子离子扫描质谱图

ICS 65.120
B 46

中华人民共和国国家标准

农业部1486号公告—2—2010

饲料中可乐定和赛庚啶的测定 液相色谱—串联质谱法

Determination of clonidine and cyproheptadine in feeds—Liquid chromatography–tandem mass spectrometry

2010-11-16 发布　　2010-11-16 实施

中华人民共和国农业部 发布

前 言

本标准遵照 GB/T 1.1—2009 给出的规则起草。

本标准由中华人民共和国农业部畜牧业司提出。

本标准由全国饲料工业标准化技术委员会(SAC/TC 76)归口。

本标准起草单位:上海市兽药饲料检测所、国家饲料质量监督检验中心(北京)、浙江省兽药监察所、河南省饲料产品质量监督检验站。

本标准主要起草人:黄士新、王蓓、顾欣、曹莹、李丹妮、张文刚、严凤、索德成、陈蔷、韦敏珏。

饲料中可乐定和赛庚啶的测定
液相色谱—串联质谱法

1 范围

本标准规定了饲料中可乐定和赛庚啶的液相色谱—串联质谱测定方法(LC-MS/MS)。

本标准适用于配合饲料、浓缩饲料和添加剂预混合饲料中可乐定和赛庚啶的测定。

方法检测限为 0.01 mg/kg,定量限为 0.02 mg/kg。

2 规范性引用文件

下列文件对于本文件的应用是必不可少的。凡是注日期的引用文件,仅注日期的版本适用于本文件。凡是不注日期的引用文件,其最新版本(包括所有的修改单)适用于本文件。

GB/T 6682 分析实验室用水规格和试验方法

GB/T 14699.1 饲料 采样

GB/T 20195 动物饲料 试样的制备

3 原理

试样经盐酸甲醇混合溶液提取后,用固相萃取小柱净化,洗脱液蒸干后用含 0.2%甲酸的乙腈水溶液溶解,供液相色谱—串联质谱仪进行检测,外标法定量。

4 试剂和材料

除非另有说明,在分析中仅使用确认为分析纯的试剂和符合 GB/T 6682 规定的二级用水。

4.1 甲醇:色谱纯。

4.2 甲酸:色谱纯。

4.3 乙腈:色谱纯。

4.4 盐酸。

4.5 氨水。

4.6 0.1 mol/L 盐酸溶液:取盐酸 9 mL,用水定容至 1 000 mL。

4.7 盐酸甲醇提取液:取 0.1 mol/L 盐酸(4.6)200 mL,加入甲醇 800 mL 混匀。

4.8 0.2%甲酸溶液:取 1 mL 甲酸,用水定容至 500 mL。

4.9 0.2%甲酸乙腈水溶液:取 0.2%甲酸溶液(4.8)80 mL,与 20 mL 乙腈混合。

4.10 5%氨水甲醇溶液:取 5 mL 氨水与 95 mL 甲醇混合。

4.11 盐酸可乐定对照品:纯度≥98%。

4.12 盐酸赛庚啶对照品:纯度≥98%。

4.13 可乐定标准贮备液配制:精密称取盐酸可乐定对照品(4.11)适量,加入适量的水溶解,再用甲醇定容,配制成含可乐定浓度约为 1 mg/mL 的标准贮备液,2℃~8℃冷藏保存,有效期六个月。

4.14 赛庚啶标准贮备液配制:精密称取盐酸赛庚啶对照品(4.12)适量,用甲醇配制成含赛庚啶浓度约为 1 mg/mL 的标准贮备液,2℃~8℃冷藏保存,有效期六个月。

4.15 混合标准工作液：分别吸取可乐定贮备液(4.13)和赛庚啶贮备液(4.14)适量，置于棕色容量瓶中，用0.2%甲酸乙腈水溶液(4.9)稀释成可乐定和赛庚啶浓度均为0.5 μg/L、1.0 μg/L、5.0 μg/L、10.0 μg/L和50.0 μg/L的系列对照品工作液，现配现用。

4.16 固相萃取小柱：混合型阳离子交换柱，60 mg/3mL；或其他性能类似的小柱。

5 仪器和设备

5.1 液相色谱—串联质谱仪：配有电喷雾电离源。

5.2 天平：感量为0.000 1 g和0.01 g各一台。

5.3 旋转蒸发仪。

5.4 离心机：最大离心力不低于8 000 g。

5.5 粉碎机。

5.6 振荡器。

5.7 旋涡振荡器。

5.8 滤膜：0.22 μm，水系。

6 试样制备

按GB/T 14699.1采样。选取有代表性饲料样品至少500 g，按GB/T 20195制备试样，粉碎过0.45 mm孔径筛，充分混匀，装入磨口瓶中备用。

7 分析步骤

7.1 提取

称取2 g(精确至0.01 g)试样(6)于50 mL离心管中，加入20.0 mL盐酸甲醇提取液(4.7)，充分振荡20 min，然后离心10 min(离心力8 000 g)，上清液备用。

7.2 净化

固相萃取小柱先用3 mL甲醇，3 mL水活化。取备用液(7.1)2 mL过柱，用2 mL水和2 mL甲醇淋洗，用5%氨水甲醇溶液(4.10)5 mL洗脱，收集洗脱液，旋转蒸发(60℃)至干，用1.0 mL 0.2%甲酸乙腈水溶液(4.9)溶解，过0.22 μm滤膜后上机测定。若样品液中含有的药物浓度超出线性范围，进样前可用一定体积的0.2%甲酸乙腈水溶液(4.9)稀释，使稀释后上机液中的药物浓度在线性范围内。

7.3 样品测定

7.3.1 液相色谱参考条件

色谱柱：亲水性C_{18}柱长100 mm，内径3.0 mm，粒径1.8 μm；或其他效果等同的C_{18}柱。

柱温：30℃。

进样量：5 μL。

流动相：A：乙腈；B：0.2%甲酸溶液(4.8)，梯度洗脱程序见表1。

流速：0.3 mL/min。

表1 梯度洗脱程序

时间 min	乙腈，A %	0.2%甲酸溶液，B %
0.00	20	80
3.00	50	50
5.00	80	20
6.00	20	80

7.3.2 **质谱参考条件**

离子源:电喷雾正离子源。

检测方式:多反应监测(MRM)。

脱溶剂气、锥孔气、碰撞气为高纯氮气及其他合适气体,使用前应调节各气体流量,使质谱灵敏度达到检测要求。

毛细管电压、锥孔电压、碰撞能量等电压值应优化至最佳灵敏度。

定性离子对、定量离子对及对应的保留时间、锥孔电压和碰撞能量见表2。

表2 可乐定和赛庚啶定性、定量离子对及保留时间、锥孔电压、碰撞电压、保留时间的参考值

被测物名称	定性离子对 m/z	定量离子对 m/z	锥孔电压 V	保留时间 min	碰撞能量 eV
可乐定 (Clonidine)	230.2>160.1	230.2>213.1	43	2.10	34
	230.2>213.1				24
赛庚啶 (Cyproheptadine)	288.2>191.2	288.2>191.2	38	4.58	30
	288.2>215.2				45

7.3.3 **定性测定**

每种被测组分选择1个母离子、2个以上子离子,在相同试验条件下,样品中待测物质的保留时间与对照品混合工作液中对应的保留时间偏差在±2.5%之内,且样品谱图中各组分定性离子的相对离子丰度与浓度接近的对照品工作液中对应的定性离子的相对离子丰度进行比较,若偏差不超过表3规定的范围,则可判定为样品中存在对应的待测物。

表3 定性确证时相对离子丰度的最大允许误差 单位为%

相对离子丰度	>50	>20~50	>10~20	≤10
允许的最大偏差	±20	±25	±30	±50

7.3.4 **定量测定**

在仪器最佳工作条件下,对对照品混合工作液进样,以标准溶液中被测组分峰面积为纵坐标,被测组分浓度为横坐标绘制工作曲线。用单点或工作曲线对样品进行定量,样品溶液中待测物的响应值均应在仪器测定的线性范围内。上述色谱和质谱条件下,赛庚啶和可乐定对照品的多反应监测(MRM)色谱图参见图A.1。

8 计算

试样中可乐定或赛庚啶的含量以质量分数 X_i 计,数值以毫克每千克(mg/kg)表示,按式(1)计算:

$$X_i = \frac{C_S \times A_i \times V_1 \times V_2 \times 1\,000}{A_s \times m \times V_3 \times 1\,000} \times n \quad \cdots\cdots (1)$$

式中:

m——试样的称样量,单位为克(g);

C_S——药物标准工作溶液浓度,单位为微克每升(μg/L);

A_i——样品溶液的色谱峰面积;

A_s——标准溶液色谱峰面积;

V_1——试样中加入提取液的体积,单位为毫升(mL);

V_2——上机前最终定容体积,单位为毫升(mL);

V_3——提取液加入SPE小柱的体积,单位为毫升(mL);

n——浓缩饲料和预混料稀释倍数。

平行测定结果用算术平均值表示，结果保留三位有效数字。

9 重复性

在同一实验室由同一操作人员完成的两个平行测定的相对偏差不大于 20%。

附　录　A
(资料性附录)
可乐定和赛庚啶的液相色谱—串联质谱图(MRM色谱图)

可乐定和赛庚啶的液相色谱—串联质谱图(MRM色谱图)见图A.1。

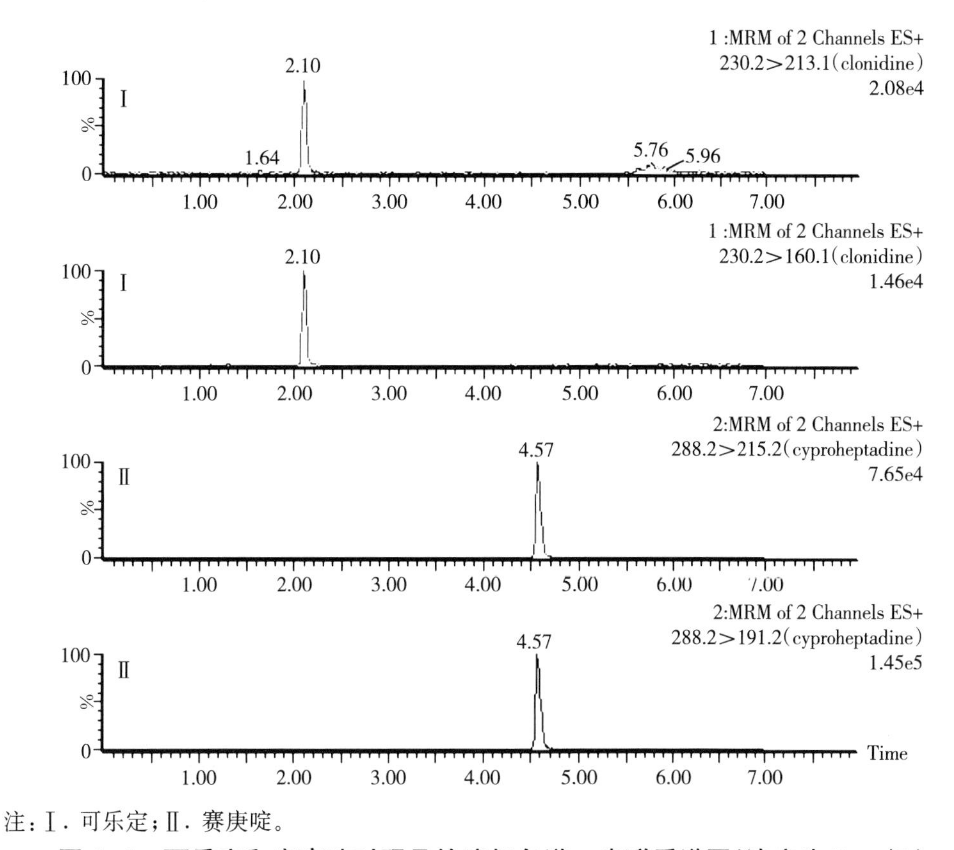

注：Ⅰ. 可乐定；Ⅱ. 赛庚啶。

图A.1　可乐定和赛庚啶对照品的液相色谱—串联质谱图(浓度为5 μg/L)

ICS 65.120
B 46

中华人民共和国国家标准

农业部1486号公告—3—2010

饲料中安普霉素的测定 高效液相色谱法

Determination of Apramycin in feeds—High performance liquid chromatography

2010-11-16发布 2010-11-16实施

中华人民共和国农业部 发布

前　　言

本标准遵照 GB/T 1.1—2009 给出的规则起草。

本标准由中华人民共和国农业部畜牧业司提出。

本标准由全国饲料工业标准化技术委员会(SAC/TC 76)归口。

本标准负责起草单位:中国农业大学、农业部饲料工业中心。

本标准主要起草人:张丽英、王宗义、常碧影、杨文军、贺平丽。

饲料中安普霉素的测定
高效液相色谱法

1 范围

本标准规定了测定饲料中安普霉素的高效液相色谱法。

本标准适用于配合饲料、浓缩饲料和添加剂预混合饲料中安普霉素的测定。

方法检出限和定量限分别为 3 mg/kg 和 10 mg/kg。

2 规范性引用文件

下列文件对于本文件的应用是必不可少的。凡是注日期的引用文件，仅注日期的版本适用于本文件。凡是不注日期的引用文件，其最新版本(包括所有的修改单)适用于本文件。

GB/T 6682 分析实验室用水规格和试验方法

GB/T 14699.1 饲料 采样

3 方法原理

饲料中的安普霉素用盐酸溶液提取，经阳离子固相萃取柱净化后，以邻苯二甲醛衍生，然后用高效液相色谱分离和荧光检测器检测，以外标法进行定量。

4 试剂和材料

除特殊注明外，本标准所用的试剂均为分析纯。水为去离子水，符合 GB/T 6682 二级用水的规定。

4.1 无水甲醇。

4.2 氨水，25%。

4.3 浓盐酸。

4.4 盐酸溶液[c(HCl)=0.10 mol/L]：准确量取 8.4 mL 浓盐酸(4.3)，用水稀释至 1 000 mL。

4.5 氨水甲醇溶液：量取 20 mL 甲醇(4.1)于 100 mL 容量瓶中，加入 5.00 mL 氨水(4.2)，然后用甲醇(4.1)定容至刻度。

4.6 氢氧化钠溶液[c(NaOH)=6 mol/L]：240 g 氢氧化钠溶解于 1 000 mL 水中。

4.7 硼酸盐缓冲溶液：准确称取 24.73 g 硼酸于 1 000 mL 烧杯中，用约 900 mL 水溶解，然后用氢氧化钠溶液(4.6)调 pH 至 9.5，并用水定容至刻度。

4.8 衍生试剂：准确称取 0.134 g 邻苯二甲醛(OPA)于 25 mL 棕色容量瓶中，依次加 5 mL 甲醇、100 μL 2-巯基乙醇，混合溶解，并用硼酸盐缓冲溶液(4.7)定容至刻度。

4.9 安普霉素标准溶液

4.9.1 安普霉素标准贮备液：准确称取安普霉素标准品(含量≥99%)0.025 0 g，置于 25 mL 容量瓶中，用水溶解，并稀释至刻度，摇匀，其浓度为 1 mg/mL。4℃条件下贮藏，有效期 1 个月。

4.9.2 安普霉素标准中间液：分别准确吸取标准贮备液(4.9.1)10.00 mL，置于 100 mL 容量瓶中，用水稀释、定容，其对应的浓度为 100 μg/mL。

4.9.3 安普霉素标准工作液：取安普霉素标准中间液(4.9.2)2.50 mL、1.25 mL、0.500 mL、0.250 mL 和 0.125 mL 分别于 25.0 mL 容量瓶中，用硼酸盐缓冲液(4.7)稀释至刻度，摇匀，其浓度分别为 10.0

μg/mL、5.00 μg/mL、2.00 μg/mL、1.00 μg/mL 和 0.500 μg/mL。

4.10 流动相 A：称取 0.77 g 乙酸胺于 1 000 mL 容量瓶中，加水约 800 mL，待其溶解后，加乙酸 40 mL，并用水稀释至刻度，摇匀。

4.11 流动相 B：乙腈，色谱纯。

4.12 具有反相与阳离子交换双重保留机制的混合型固相萃取小柱。

5 仪器、设备

5.1 分析天平：感量为 0.000 1 g。

5.2 磁力搅拌器。

5.3 离心机：能达 3 000 r/min～4 000 r/min。

5.4 固相萃取装置。

5.5 恒温水浴锅。

5.6 氮气吹干仪。

5.7 高效液相色谱仪(配有荧光检测器)。

6 试样制备

按 GB/T 14699.1 采取有代表性的样品 1 000 g，用四分法缩减至约 200 g，粉碎，使全部通过 0.45 mm孔径的筛，混匀，贮存于磨口瓶中备用。

7 分析步骤

7.1 提取

称取适量试样(配合饲料 5 g，浓缩饲料 2 g～3 g，添加剂预混合饲料 1 g，准确至 0.000 1 g)置于 50 mL离心管中，加盐酸溶液(4.4)40 mL， 盖好盖，置于磁力搅拌器上搅拌提取 25 min，于离心机上 3 000 r/min～4 000 r/min 离心 10 min。上清液转移至 100 mL 容量瓶中，再分别用 35 mL、25 mL 盐酸溶液(4.4)提取两次，汇集上清液，并用盐酸溶液(4.4)稀释至刻度，摇匀，用中速定量滤纸过滤，滤液备用。

浓缩饲料和添加剂预混合饲料上述滤液需要分别做 5 倍和 10 倍稀释。

7.2 净化

分别用 1.0 mL 甲醇(4.1)和 1.0 mL 水活化固相萃取小柱(4.12)，然后准确加载 1.00 mL 样品提取液(7.1)于固相萃取小柱(4.12)，并以不超过 1.0 mL/min 的流速过柱，然后分别用 1.0 mL 盐酸溶液(4.4)和 1.0 mL 甲醇(4.1)各淋洗一次，用氨水甲醇溶液(4.3)洗脱至 10 mL 试管中，然后置于 60℃水浴中，用氮气吹干。用 1.00 mL 硼酸盐缓冲液(4.7)溶解后，待上机测定。

7.3 测定

7.3.1 色谱条件

色谱柱：C_{18}柱，柱长 300 mm，内径 3.9 mm，粒度 5 μm 或性能类似的分析柱。

柱温：室温。

流动相：流动相 A(4.11)+流动相 B(4.12)=1+1(v/v)，流速 1.0 mL/min，洗脱时间 15 min。

检测器：激发波长 230 nm，发射波长 389 nm。

进样量：100 μL。

7.3.2 衍生、上机

准确移取样品溶液(7.2)400 μL 置于高效液相色谱仪的进样瓶中，加入 200 μL 的衍生试剂(4.8)，混合，控制衍生时间 5.0 min，立即进样，进行分离测定。

7.3.3 标准曲线的制作

准确移取安普霉素标准工作液(4.9.3)400 μL,按照 7.3.2 进行衍生、测定,并以标准工作液的浓度对峰面积绘制工作曲线。

7.3.4 结果的计算与表述

试样中安普霉素的含量,以质量分数(mg/kg)表示,按式(1)计算。

$$X = \frac{n \times V \times \rho}{m} \qquad (1)$$

式中:

X——试样中安普霉素的含量,单位为毫克每千克(mg/kg);

V——制备最终用试样溶液的体积,单位为毫升(mL);

m——试样质量,单位为克(g);

ρ——由工作曲线计算得出的上机试样溶液中安普霉素浓度,单位为微克每毫升(μg/mL);

n——稀释倍数。

测定结果用平行测定的算术平均值表示,保留三位有效数字。

8 允许差

同一实验室同一操作人员完成的两个平行测定的相对偏差不大于 15%。

ICS 65.120
B 46

中华人民共和国国家标准

农业部1486号公告—4—2010

饲料中硝基咪唑类药物的测定 液相色谱—质谱法

Determination of nitroimidazoles in feeds—
Liquid chromatography-mass spectrometry method

2010-11-16 发布　　　　2010-11-16 实施

中华人民共和国农业部　发布

前　　言

本标准遵照 GB/T 1.1—2009 给出的规则起草。

本标准由中华人民共和国农业部畜牧业司提出。

本标准由全国饲料工业标准化技术委员会(SAC/TC 76)归口。

本标准起草单位:中国农业大学动物医学院。

本标准起草人:沈建忠、张素霞、程林丽、肖希龙、王战辉、江海洋、李建成。

饲料中硝基咪唑类药物的测定
液相色谱—质谱法

1 范围

本标准规定了饲料中硝基咪唑类药物含量的液相色谱—质谱检测法。

本标准适用于配合饲料、浓缩饲料和添加剂预混合饲料中甲硝唑、洛硝哒唑、二甲硝唑和替硝唑含量的测定。

本方法的检测限:饲料中甲硝唑、洛硝哒唑、二甲硝唑和替硝唑均为 15 μg/kg。

本方法的定量限:饲料中甲硝唑、洛硝哒唑、二甲硝唑和替硝唑均为 50 μg/kg。

2 规范性引用文件

下列文件对于本文件的应用是必不可少的。凡是注日期的引用文件,仅注日期的版本适用于本文件。凡是不注日期的引用文件,其最新版本(包括所有的修改单)适用于本文件。

GB/T 6682 分析实验室用水规则和试验方法

GB/T 14699.1 饲料 采样

GB/T 20195 动物饲料 试样的制备

3 方法原理

用乙酸乙酯提取试样中的硝基咪唑类药物,浓缩近干,用 0.1 mol/L 磷酸溶解,正己烷和 MCX 固相萃取柱净化。液相色谱—质谱法测定,外标法定量。

4 试剂和材料

除非另有说明,在分析中仅使用确认为分析纯的试剂和 GB/T 6682 中规定的二级水。

4.1 甲醇:色谱纯。

4.2 乙酸乙酯。

4.3 正己烷。

4.4 磷酸。

4.5 甲酸:色谱纯。

4.6 MCX 固相萃取柱:规格为 60 mg。

4.7 微孔滤膜:规格为 0.2 μm。

4.8 甲硝唑(Metronidazole):纯度≥98%。

4.9 洛硝哒唑(Ronidazole):纯度≥98%。

4.10 二甲硝唑(Dimetridazole):纯度≥98%。

4.11 替硝唑(Tinidazole):纯度≥98%。

4.12 磷酸溶液(0.1 mol/L):取 3.4 mL 磷酸于 1 L 容量瓶中,用水定容至刻度,混匀。

4.13 固相萃取柱洗涤液:氨水+水+甲醇=0.2+10+0.2。

4.14 固相萃取柱洗脱液:氨水+水+甲醇=0.2+2+8。

4.15 硝基咪唑类药物混合标准贮备液(1 mg/mL):称取 4 种硝基咪唑类药物(4.8、4.9、4.10、4.11)各 0.1 g(精确到 0.000 1 g)于 100 mL 容量瓶中,用乙腈溶解定容。—20℃保存 3 个月。

4.16 硝基咪唑类药物混合标准贮备液(200 μg/mL):移取 1 mg/mL 的混合标准贮备液(4.15)各 2 mL 于 10 mL 容量瓶中,用乙腈定容至刻度。4℃保存 1 个月。

4.17 混合标准工作液:分别移取适量 200 μg/mL 混合标准贮备液(4.16)于 100 mL 容量瓶中,用乙腈稀释定容,配制成 0.01 μg/mL、0.05 μg/mL、0.1 μg/mL、0.5 μg/mL、1 μg/mL、5 μg/mL 和 10 μg/mL 的标准工作液。4℃保存 1 周。

5 仪器和设备

5.1 实验室常用仪器、设备。

5.2 液相色谱—质谱联用仪(LC-MS),配电喷雾离子源。

5.3 分析天平:感量 0.01 g 和感量 0.000 1 g。

5.4 涡旋混合器。

5.5 离心机。

5.6 振荡器。

5.7 旋转蒸发仪。

5.8 固相萃取装置。

6 采样与试样制备

按 GB/T 14699.1 的规定采集样品后,按 GB/T 20195 的规定取 1 kg 样品,四分法缩减取约 200 g,经粉碎,全部过 0.45 mm 孔筛,混匀装入磨口瓶中备用。

7 分析步骤

7.1 提取

称取 2 g(精确到 0.01 g)试样于 50 mL 离心管中,加 15 mL 乙酸乙酯,涡动 1 min,300 r/min 振荡 30 min。3 800 r/min 离心 10 min。取上清液于 100 mL 鸡心瓶中。下层残渣用 15 mL 乙酸乙酯重复提取一次。合并两次提取液。

7.2 净化

将提取液于 35℃旋蒸浓缩至近干,加 300 μL 乙酸乙酯,涡动 10 s,再加 4 mL 正己烷,涡动 30 s,全部转移至 10 mL 离心管中。往鸡心瓶中再加 1.5 mL 磷酸溶液(4.13),涡动 1 min,全部转移至同一离心管中,手摇混合,6 000 r/min 离心 10 min。吸取下层水相于 5 mL 试管中,上层有机相用 1.5 mL 磷酸溶液(4.13)重复萃取一次,合并两次水相作为固相萃取上样液,备用。

将 MCX 固相萃取柱安装于固相萃取装置上,依次用 2 mL 乙腈、2 mL 磷酸溶液(4.13)活化。将备用液通过固相萃取柱,依次用 1 mL 磷酸溶液(4.13)、2 mL 固相萃取柱淋洗液(4.14)洗涤,抽真空 1 min。2 mL 固相萃取柱洗脱液(4.15)洗脱。上样溶液和洗脱液的流速均控制在 1 mL/min 以内。往洗脱液中加 20 μL 甲酸,混匀后 50℃氮气吹干,加 2 mL 乙腈溶解,过 0.2 μm 滤膜,供液相色谱一质谱测定。

7.3 测定

7.3.1 液相色谱条件

色谱柱:C_{18} 色谱柱,长 150 mm,内径 2.1 mm,粒径 5 μm,或相当者。

流动相:甲醇+水,梯度洗脱;梯度洗脱条件见表 1。

流速:0.2 mL/min。
柱温:室温。
进样量:10 μL。

表 1　液相色谱梯度洗脱条件

时间,min	水,%	甲醇,%
0	80	20
8	80	20
11	0	100
15	80	20

7.3.2　质谱条件

正离子扫描方式(ESI+)。
毛细管电压:3.5 kV。
离子源温度:350℃。
碰撞气:氩气。
监测模式:选择离子监测。
4 种硝基咪唑类药物的定性离子和定量离子见表 2。

表 2　4 种硝基咪唑类药物的定性离子和定量离子

名　称	定性离子 m/z	定量离子 m/z
洛硝哒唑	223,140,55	223
甲硝唑	172,128,82	172
替硝唑	248,121,93	248
二甲硝唑	142,96,81	142

7.3.3　液相色谱—质谱测定

7.3.3.1　定性测定

根据试样溶液中药物的含量,选择峰面积相近的标准工作液和样品溶液等体积参插进样。通过液相色谱保留时间与质谱选择离子共同定性。样品中待测药物与标准物质的保留时间相对偏差不大于 2.5%,而且,其选择离子的相对丰度的差异不大于 10%。4 种药物的标准溶液选择离子色谱图见图 A.1。

7.3.3.2　定量测定

分别取适量试样溶液和相应浓度的标准工作液,作单点校准或多点校准,以色谱峰面积积分值定量。标准工作液及试样液中药物的响应值均应在仪器检测的线性范围内,试样液进样过程中应参插标准工作液,以便准确定量。

8　结果计算

饲料中硝基咪唑类药物的含量 X,以质量分数(mg/kg)表示,按式(1)计算:

$$X = \frac{C \times V \times n}{m} \quad \cdots\cdots (1)$$

式中:

C——试样液中对应的硝基咪唑类药物的浓度,单位为微克每毫升(μg/mL);
V——试样液总体积,单位为毫升(mL);
n——稀释倍数;
m——试样质量,单位为克(g)。

测定结果用平行测定后的算术平均值表示,保留三位有效数字。

9 精密度

在重复性条件下完成的两个平行测定结果的相对偏差不大于 20%。

附 录 A
(资料性附录)
标准溶液选择离子色谱图

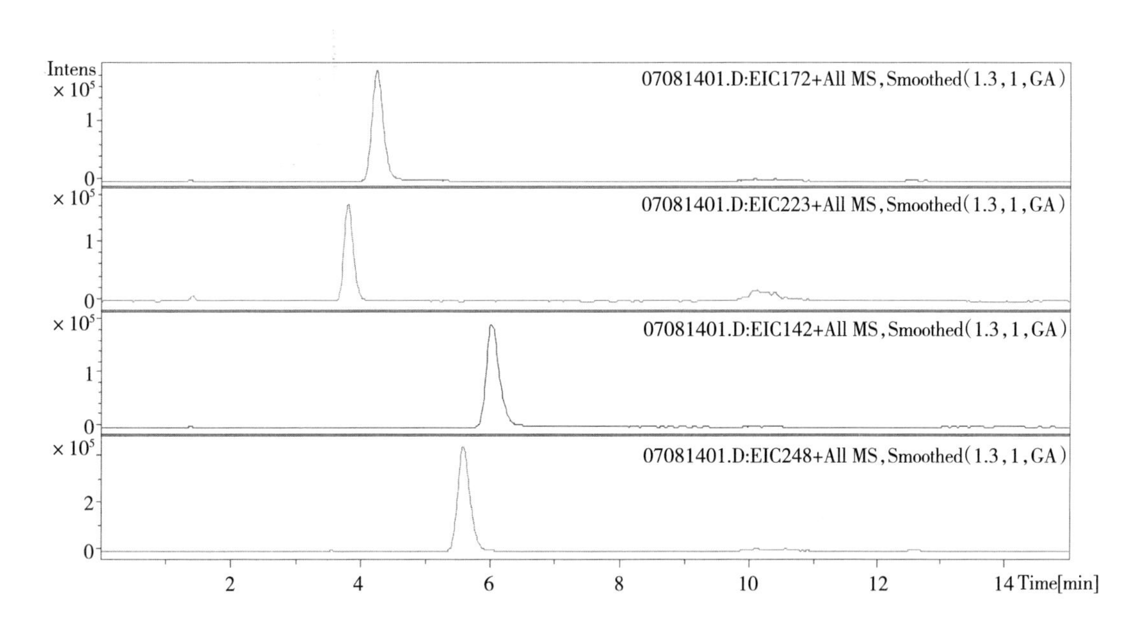

图 A.1 5μg/mL 硝基咪唑类药物标准溶液选择离子色谱图

(m/z223 为洛硝哒唑;m/z172 为甲硝唑;m/z248 为替硝唑;m/z142 为二甲硝唑)

ICS 65.120
B 46

中华人民共和国国家标准

农业部1486号公告—5—2010

饲料中阿维菌素类药物的测定 液相色谱—质谱法

Determination of avermectins in feeds—Liquid chromatography-mass spectrometry method

2010-11-16发布　　2010-11-16实施

中华人民共和国农业部　发布

前　言

本标准参考国际原子能组织兽药实验室分析化学组的有效标准操作程序 SOP ACU 0368 肝组织中阿维菌素类药物的分析。

本标准遵照 GB/T 1.1—2009 给出的规则起草。

本标准由中华人民共和国农业部畜牧业司提出。

本标准由全国饲料工业标准化技术委员会(SAC/TC 76)归口。

本标准起草单位:中国农业大学动物医学院。

本标准主要起草人:沈建忠、张素霞、程林丽、丁双阳、江海洋、王战辉、吴聪明。

饲料中阿维菌素类药物的测定 液相色谱—质谱法

1 范围

本标准规定了饲料中阿维菌素类药物的液相色谱—质谱检测方法。

本标准适用于配合饲料、浓缩饲料和添加剂预混合饲料中埃普利诺菌素、阿维菌素、多拉菌素和伊维菌素含量的测定。

本方法的检测限:饲料中4种阿维菌素类药物均为10 μg/kg。

本方法的定量限:饲料中4种阿维菌素类药物均为25 μg/kg。

2 规范性引用文件

下列文件对于本文件的应用是必不可少的。凡是注日期的引用文件,仅注日期的版本适用于本文件。凡是不注日期的引用文件,其最新版本(包括所有的修改单)适用于本文件。

GB/T 6682　分析实验室用水规则和试验方法

GB/T 14699.1　饲料　采样

GB/T 20195　动物饲料　试样的制备

3 方法原理

用乙腈提取试样中的4种阿维菌素类药物,加水稀释,加三乙胺调节pH,经C_{18}固相萃取柱净化,用液相色谱—质谱法测定,外标法定量。

4 试剂和材料

除非另有说明,在分析中仅使用确认为分析纯的试剂和GB/T 6682中规定的二级水。

4.1 乙腈:色谱纯。

4.2 正己烷。

4.3 三乙胺。

4.4 甲酸:色谱纯。

4.5 C_{18}固相萃取柱:规格为500 mg。

4.6 微孔滤膜:规格为0.2 μm。

4.7 埃普利诺菌素(Eprinomectin):纯度≥98%。

4.8 阿维菌素(Avermectin):纯度≥98%。

4.9 多拉菌素(Doramectin):纯度≥94.3%。

4.10 伊维菌素(Ivermectin):纯度≥98%。

4.11 样品稀释液:水+三乙胺=30+0.045,V/V。

4.12 固相萃取柱洗涤液:乙腈+水+三乙胺=40+60+0.1。

4.13 阿维菌素类药物混合标准贮备液(1 000 μg/mL):分别称取0.05 g(精确到0.000 1 g)埃普利诺菌素、阿维菌素、多拉菌素和伊维菌素标准品(4.7、4.8、4.9、4.10)于50 mL容量瓶,用乙腈溶解定容。—20℃保存3个月。

4.14 阿维菌素类药物混合标准贮备液(100 μg/mL):取 1 000 μg/mL 的阿维菌素类药物标准贮备液(4.13)10 mL 于 100 mL 容量瓶中,用乙腈稀释至刻度。4℃保存 1 个月。

4.15 标准工作液:分别量取适量 100 μg/mL 阿维菌素类药物混合标准贮备液(4.14),用乙腈稀释成浓度为 0.025 μg/mL、0.05 μg/mL、0.1 μg/mL、0.5 μg/mL、1 μg/mL、5 μg/mL 和 20 μg/mL 的系列标准工作液。4℃保存 1 周。

5 仪器

5.1 实验室常用仪器、设备。

5.2 液相色谱—质谱联用仪(LC/MS),配电喷雾离子源。

5.3 涡动仪。

5.4 分析天平:感量 0.01 g 和 0.000 1 g。

5.5 离心机。

5.6 固相萃取装置。

5.7 氮吹仪。

6 采样与试样制备

按 GB/T 14699.1 的规定采集样品后,按 GB/T 20195 的规定取 1 kg 样品,四分法缩减取约 200 g,经粉碎,全部过 0.42 mm 孔筛,混匀装入磨口瓶中备用。

7 分析步骤

7.1 提取

称取 2 g(精确到 0.01 g)试样于 50 mL 离心管中,加 8 mL 乙腈,涡动 0.5 min,3 500 r/min 离心 5 min,取上清液。残渣用 8 mL 乙腈重复提取一次,离心,合并两次上清液。加 30 mL 样品稀释液(4.11),涡动混合均匀,作为固相萃取上样液备用。

7.2 净化

取 C_{18} 固相萃取柱,安装于固相萃取装置上,依次用 5 mL 乙腈、5 mL 固相萃取柱洗涤液(4.12)活化。将固相萃取上样液过柱。用 10 mL 固相萃取柱洗涤液(4.12)淋洗,抽真空 2 min;再用 3 mL 正己烷淋洗,抽真空 5 min。2 mL 乙腈洗脱,收集洗脱液于 5 mL 试管中。上样溶液和洗脱液的流速均控制在 1 mL/min 以内。50℃氮气吹干,加 0.5 mL 乙腈溶解。过 0.2 μm 滤膜,供液相色谱—质谱仪分析。

7.3 测定

7.3.1 液相色谱条件

色谱柱:C_{18} 柱,150 mm×2.1 mm,粒径 3 μm,或相当者。

流动相:乙腈+水+甲酸=70+30+0.1。

流速:0.2 mL/min。

柱温:室温。

进样量:10 μL。

7.3.2 质谱条件

离子化方式:电喷雾离子源,正离子扫描(ESI+)。

毛细管电压:3.2 kV。

离子源温度:350℃。

碰撞气:氩气。

监测模式:选择离子监测。

4 种阿维菌素类药物的定性离子和定量离子见表 1。

表 1　4 种阿维菌素类药物的选择离子

药　　物	定性离子，m/z	定量离子，m/z
埃普利诺菌素	936.6,352.0,490.0	936.6
阿维菌素	895.6,327.4,449.3	895.6
多拉菌素	921.5,353.2,449.0	921.5
伊维菌素	897.5,329.1,753.3	897.6

7.3.3　液相色谱—质谱测定

7.3.3.1　定性测定

根据试样溶液中药物的含量，选择峰面积相近的标准工作液和样品溶液等体积参插进样。通过液相色谱保留时间与质谱选择离子共同定性。样品中待测药物与标准物质的保留时间相对偏差不大于 2.5%，而且，其选择离子的相对丰度的差异不大于 10%。4 种药物的标准溶液选择离子色谱图见图 A.1。

7.3.3.2　定量测定

分别取适量试样溶液和相应浓度的标准工作液，作单点校准或多点校准，以色谱峰面积积分值定量。标准工作液及试样液中药物的响应值均应在仪器检测的线性范围内，试样液进样过程中应参插标准工作液，以便准确定量。

8　结果计算与表达

饲料中阿维菌素类药物的含量 X，以质量分数(mg/kg)表示，按式(1)计算：

$$X = \frac{C \times V \times n}{m} \quad \cdots\cdots (1)$$

式中：

C——试样液中对应的阿维菌素类药物的浓度，单位为微克每毫升(μg/mL)；

V——试样液总体积，单位为毫升(mL)；

n——稀释倍数；

m——试样质量，单位为克(g)。

测定结果用平行测定后的算术平均值表示，保留三位有效数字。

9　精密度

在重复性条件下完成的两个平行测定结果的相对偏差不大于 20%。

附　录　A
（资料性附录）
标准溶液选择离子色谱图

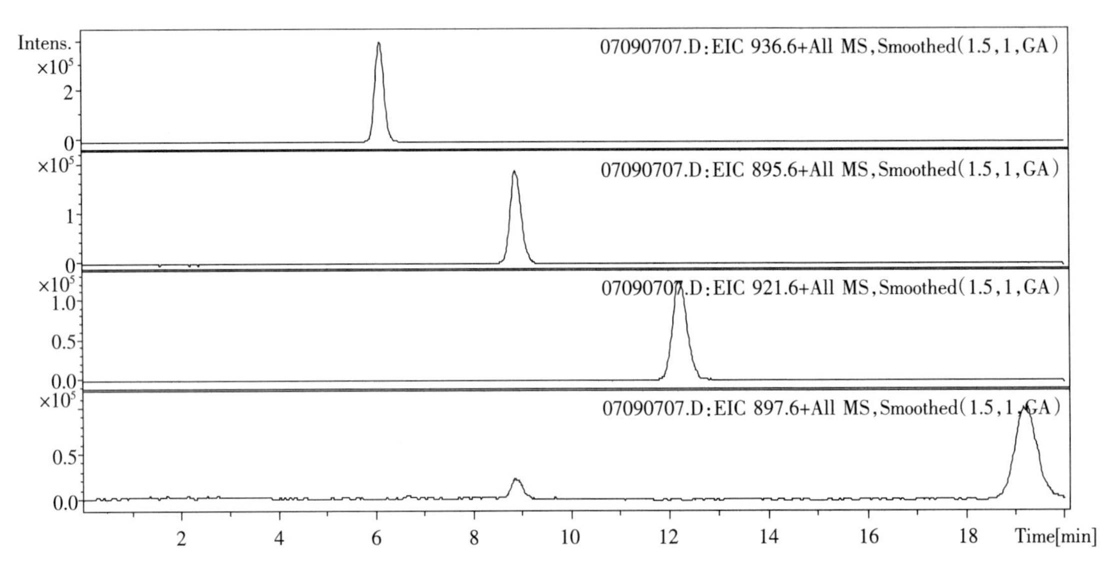

图 A.1　2 μg/mL 阿维菌素类药物选择离子色谱图

（m/z 936.6 为埃普利诺菌素；m/z 895.6 为阿维菌素；m/z 921.5 为多拉菌素；m/z 897.6 为伊维菌素）

ICS 65.120
B 46

中华人民共和国国家标准

农业部1486号公告—6—2010

饲料中雷琐酸内酯类药物的测定 气相色谱—质谱法

Determination of resorcylic acid lactones in feeds—Gas chromatography-mass spectrometry method

2010-11-16 发布 2010-11-16 实施

中华人民共和国农业部 发布

前　　言

本标准遵照 GB/T 1.1—2009 给出的规则起草。

本标准由中华人民共和国农业部畜牧业司提出。

本标准由全国饲料工业标准化技术委员会(SAC/TC76)归口。

本标准起草单位:中国农业大学动物医学院。

本标准主要起草人:沈建忠、丁双阳、程林丽、张素霞、李建成、吴聪明、曹兴元。

饲料中雷琐酸内酯类药物的测定
气相色谱—质谱法

1 范围

本标准规定了饲料中雷琐酸内酯类药物的气相色谱—质谱检测方法。

本标准适用于配合饲料、浓缩饲料和添加剂预混合饲料中 α-玉米赤霉醇、β-玉米赤霉醇、α-玉米赤霉烯醇、β-玉米赤霉烯醇、玉米赤霉烯酮和玉米赤霉酮的测定。

本方法的检测限:饲料中 6 种雷琐酸内酯类药物均为 2 μg/kg。

本标准的定量限:饲料中 6 种雷琐酸内酯类药物均为 5 μg/kg。

2 规范性引用文件

下列文件对于本文件的应用是必不可少的。凡是注日期的引用文件,仅注日期的版本适用于本文件。凡是不注日期的引用文件,其最新版本(包括所有的修改单)适用于本文件。

GB/T 6682 分析实验室用水规则和试验方法

GB/T 14699.1 饲料 采样

GB/T 20195 动物饲料 试样的制备

3 方法原理

用甲醇提取试样中的雷琐酸内酯类药物,浓缩至干后用乙醚溶解。用乙醚—碳酸钠溶液液液分配除去水溶性杂质,再次浓缩后用乙腈溶解。经乙腈—正已烷液液分配除去非极性杂质,经 HLB 固相萃取柱进一步净化,衍生化后进气相色谱—质谱检测,外标法定量。

4 试剂和材料

除非另有说明,在分析中仅使用确认为分析纯的试剂和 GB/T 6682 中规定的二级水。

4.1 甲醇:色谱纯。

4.2 乙腈:色谱纯。

4.3 正已烷。

4.4 乙醚。

4.5 无水碳酸钠。

4.6 无水硫酸钠。

4.7 衍生化试剂:N,O-双三甲基硅烷基-三氟乙酸胺+三甲基氯硅烷=99+1,即 BSTFA+TMCS(99+1)。

4.8 HLB 固相萃取柱:规格为 60 mg。

4.9 α-玉米赤霉醇(α-Zeranol):纯度≥99%。

4.10 β-玉米赤霉醇(Taleranol):纯度≥99%。

4.11 玉米赤霉酮(Zearalanone):纯度≥99%。

4.12 α-玉米赤霉烯醇(α-Zearalenol):纯度≥99%。

4.13 β-玉米赤霉烯醇(β-Zearalenol):纯度≥99%。

4.14　玉米赤霉烯酮(Zearalenone):纯度≥99%。

4.15　0.1%碳酸钠溶液:称取 0.1 g 无水碳酸钠,加水溶解定容至 100 mL。

4.16　雷琐酸内酯类药物标准贮备液(100 μg/mL):称取玉米赤霉酮、α-玉米赤霉醇、β-玉米赤霉醇、α-玉米赤霉烯醇、β-玉米赤霉烯醇和玉米赤霉烯酮(4.9、4.10、4.11、4.12、4.13、4.14)各 0.0 1g(精确到 0.000 01 g)于 100 mL 容量瓶,用甲醇溶解稀释定容。—20 ℃保存三个月。

4.17　雷琐酸内酯类药物标准贮备液(1 μg/mL):取 100 μg/mL 雷琐酸内酯类药物标准储备液(4.16) 1 mL于 100 mL 容量瓶中,用甲醇稀释定容,4 ℃保存一个月。

4.18　标准工作液:取适量 1 μg/mL 混合标准储备液(4.17),用甲醇稀释成 0.001 μg/mL、0.01 μg/mL、0.05 μg/mL、0.1 μg/mL、0.5 μg/mL、1 μg/mL 和 10 μg/mL 的标准溶液。4 ℃保存一周。

5　仪器

5.1　实验室常用仪器、设备。

5.2　气相色谱—质谱联用仪(GC/MS),配电子轰击离子源(EI)。

5.3　分析天平:感量为 0.01 g 和 0.000 01 g。

5.4　离心机。

5.5　涡旋混合器。

5.6　旋转蒸发仪。

5.7　固相萃取装置。

5.8　恒温箱。

6　采样与试样制备

按 GB/T 14699.1 的规定采集试样后,按 GB/T 20195 的规定取 1 kg 样品,四分法缩减取约 200 g,经粉碎,全部过 0.45 mm 孔筛,混匀装入磨口瓶中备用。

7　分析步骤

7.1　提取

称取 5 g(精确到 0.01 g)试样于 50 mL 离心管中,加 20 mL 甲醇,涡动 1 min,3 600 r/min 离心 5 min,分离上清液至鸡心瓶中。下层残渣用 20 mL 甲醇重复提取一次,离心,合并两次提取液。

7.2　净化

将样品提取液于 50℃减压浓缩至干,加 20 mL 乙醚,涡动 30 s,转移至 50 mL 离心管中,加 5 mL 0.1% 碳酸钠溶液(4.15),轻摇数下,3 800 r/min 离心 5 min,弃下层水相,再加 5 mL 0.1%碳酸钠溶液(4.15)重复操作一次,弃下层水相,有机相中加 5 g 无水硫酸钠,300 r/min 振荡 10 min,3 500 r/min 离心 5 min。转移上清液至鸡心瓶中,35 ℃减压浓缩至干,加 1 mL 乙腈溶解。分取 0.1 mL 于试管中,加 0.9 mL 乙腈稀释,加 0.5 mL 正已烷,手摇混合,静置 1 min,弃上层正已烷。下层中再加 0.5 mL 正已烷重复操作一次,充分除尽正已烷层。50 ℃氮气吹干。200 μL 乙腈溶解,加 800 μL 水稀释。备用。

将 HLB 固相萃取柱安装于固相萃取装置上,依次用 2 mL 乙腈和 2 mL 水预洗,将备用液过柱,5 mL水淋洗,抽真空 1 min。4 mL 乙腈洗脱。上样溶液和洗脱液的流速均控制在 1 mL/min 以内。50℃氮气吹干,供衍生化用。同时,取 500 μL 标准工作液于试管中,50 ℃氮气吹干,供衍生化用,作为对照标准品。

7.3　衍生化

加衍生化试剂 100 μL,涡动溶解,60℃衍生化 15 min,冷却至室温后供气相色谱—质谱测定。

7.4 测定

7.4.1 气相色谱条件

气相色谱柱:DB-5MS 柱,30 m×0.25 mm×0.25 μm。

载气:氦气。

载气流速:1.0 mL/min。

进样口温度:250℃。

进样量:2 μL,不分流。

柱温程序:起始 120℃,以 15℃/min 速度升至 280℃,保持 10 min。

7.4.2 质谱条件

电子轰击离子源(EI)。

电子轰击能:70 ev。

离子源温度:230℃。

四极杆温度:150℃。

溶剂延迟:7 min。

检测模式:选择离子检测。

6 种雷琐酸内酯类药物的定性离子和定量离子见表 1。

表 1 雷琐酸内酯类化合物的定性离子和定量离子

药物名称	定性离子,m/z	定量离子,m/z
玉米赤霉酮	449,450,335,307	449
玉米赤霉烯酮	462,429,333,305	333
α-玉米赤霉醇	523,433,335,307	433
β-玉米赤霉醇	523,433,335,307	433
α-玉米赤霉烯醇	536,431,333,305	305
β-玉米赤霉烯醇	536,431,333,305	305

7.4.3 气相色谱—质谱测定

7.4.3.1 定性测定

根据试样溶液中药物的含量,选择峰面积相近的标准工作液和样品溶液等体积参插进样。通过气相色谱保留时间与质谱选择离子共同定性。样品中待测药物与标准物质的保留时间相对偏差不大于 1%,而且其选择离子的相对丰度的差异不大于 20%。6 种药物的标准溶液总离子流子色谱图见图 A.1。

7.4.3.2 定量测定

分别取适量试样溶液和相应浓度的标准工作液,作单点校准或多点校准,以色谱峰面积积分值定量。标准工作液及试样液中药物的响应值均应在仪器检测的线性范围内,试样液进样过程中应参插标准工作液,以便准确定量。试样液进样过程中应参插标准工作液,以便准确定量。

8 结果计算与表达

饲料中雷琐酸内酯类药物的含量 X,以质量分数(mg/kg)表示,按式(1)计算:

$$X = \frac{C \times V \times n}{m} \quad \cdots\cdots (1)$$

式中:

C——试样液中对应的雷琐酸内酯类药物的浓度,单位为微克每毫升(μg/mL);

V——试样液总体积,单位为毫升(mL);

n——稀释倍数；

m——试样质量，单位为克(g)。

测定结果用平行测定的算术平均值表示，保留三位有效数字。

9 精密度

在重复性条件下完成的两个平行测定结果的相对偏差不大于 20%。

ICS 65.120
B 46

中华人民共和国国家标准

农业部1486号公告—7—2010

饲料中9种磺胺类药物的测定 高效液相色谱法

Determination of nine sulfonamides in feeds—High performance liquid chromatography

2010-11-16 发布

2010-11-16 实施

中华人民共和国农业部 发布

前　　言

本标准遵照 GB/T 1.1—2009 给出的规则起草。

本标准由中华人民共和国农业部畜牧业司提出。

本标准由全国饲料工业标准化技术委员会(SAC/TC 76)归口。

本标准起草单位:中国农业大学。

本标准主要起草人:任丽萍、孟庆翔、周波、李永山、周振明、郭凯军。

饲料中 9 种磺胺类药物的测定
高效液相色谱法

1 范围

本标准规定了饲料中 9 种磺胺类药物的高效液相色谱检测方法。

本标准适用于配合饲料、浓缩饲料、添加剂预混料中磺胺醋酰、磺胺嘧啶、磺胺吡啶、磺胺二甲基嘧啶、磺胺对甲氧哒嗪、磺胺甲基异噁唑、磺胺间甲氧嘧啶、磺胺二甲氧嘧啶、磺胺喹噁啉含量的测定。

本方法的检测限为 0.1 mg/kg,定量限为 0.5 mg/kg。

2 规范性引用文件

下列文件对于本文件的应用是必不可少的。凡是注日期的引用文件,仅注日期的版本适用于本文件。凡是不注日期的引用文件,其最新版本(包括所有的修改单)适用于本文件。

GB/T 6682 分析实验室用水规格和试验方法

GB/T 14699.1 饲料 采样

GB/T 20195 动物饲料 试样的制备

3 原理

试样中的磺胺类药物经乙酸乙酯超声提取后,用氨基固相萃取柱净化,用高效液相色谱法检测,外标法定量。

4 试剂和溶液

以下所用试剂,除特别注明外均为分析纯试剂。

4.1 水:色谱用水应符合 GB/T 6682 规定的一级水。

4.2 乙酸乙酯。

4.3 正己烷。

4.4 冰乙酸:优级纯。

4.5 乙腈:色谱纯。

4.6 甲醇:色谱纯。

4.7 洗脱液:乙腈+甲醇+水+乙酸=2+2+9+0.2。

4.8 流动相

4.8.1 A 液:乙腈(4.5)与甲醇(4.6)以 1∶1 的体积比混合摇匀,脱气,备用。

4.8.2 B 液:在 1 000 mL 容量瓶中加入 1 mL 冰乙酸(4.4)用去离子水定容为乙酸溶液(0.1%),混合摇匀后过 0.45 μm 滤膜,脱气,备用。

4.9 9 种磺胺类药物标准品:磺胺醋酰、磺胺嘧啶、磺胺吡啶、磺胺二甲基嘧啶、磺胺对甲氧哒嗪、磺胺甲基异噁唑、磺胺间甲氧嘧啶、磺胺二甲氧嘧啶、磺胺喹噁啉,纯度均大于 97% 。

4.10 标准溶液

4.10.1 标准贮备液:准确称取磺胺药物的标准品 100 mg(精确至 0.000 1 g),分别置于 100 mL 棕色容量瓶中,加甲醇(4.6)超声使之完全溶解,并定容至刻度,摇匀。该溶液中磺胺药物的浓度为 1 mg/mL,

于−18 ℃保存，有效期 6 个月。

4.10.2　标准中间液：准确移取 9 种磺胺标准贮备液（4.10.1）5 mL 分别于 50 mL 棕色容量瓶中，用甲醇（4.6）定容至刻度。该溶液浓度为 100 μg/mL，于 4 ℃保存，有效期 1 个月。

4.10.3　标准工作液：准确移取 9 种磺胺标准中间液（4.10.2）5 mL 分别于 50 mL 棕色容量瓶中，用 20%的甲醇（4.6）水溶液定容至刻度。该溶液中磺胺浓度为 10 μg/mL，当日使用。

4.10.4　混合标准工作液：分别移取各磺胺药物标准中间液各 5 mL 于 50 mL 棕色容量瓶中，用 20%甲醇（4.6）水溶液定容至刻度。该溶液中磺胺药物的浓度均为 10 μg/mL，当日使用。

5　仪器设备

5.1　高效液相色谱仪：配紫外检测器。

5.2　分析天平：感量为 0.001 g 和 0.000 1 g。

5.3　漩涡混合仪。

5.4　旋转蒸发仪。

5.5　离心机。

5.6　过滤器：配 0.45 μm 的有机微孔滤膜。

5.7　超声波清洗机。

5.8　固相萃取装置。

5.9　氨基固相萃取柱：500 mg/3 mL。

6　试样的选取和制备

按 GB/T 14699.1 的规定采样，按 GB/T 20195 的规定制备试样。

7　分析步骤

7.1　提取

称取 2 g（精确至 0.001 g）试样于 50 mL 具塞离心管中，加入乙酸乙酯（4.2）15 mL，旋涡混匀，30℃水浴中超声提取 3 min，然后以 4 000 r/min 离心 3 min，静置。将上清液转移到另一管中，重复提取残渣两次，合并上清液。将上清液转入梨形瓶中 40℃旋转蒸至近干。加入 3 mL 乙酸乙酯（4.2），充分摇匀溶解残渣。

7.2　净化

将上述溶解液过已经用 5 mL 正己烷（4.3）、5 mL 乙酸乙酯（4.2）预淋过的氨基固相萃取柱（5.9）。上样后，首先用 5 mL 正己烷（4.3）淋洗此柱去除杂质，减压抽干 10 min，然后用 2 mL 洗脱液（4.7）洗脱，减压抽干 10 min 收集洗脱液并定容为 2 mL，过 0.45 μm 滤膜供高效液相色谱分析。

注：上样溶液、淋洗液和洗脱液的流速均控制在 0.8 mL/min～1.0 mL/min。

7.3　测定

7.3.1　仪器条件

色谱柱：C_{18}色谱柱，柱长 150 mm，柱内径 4.6 mm，粒度 3.5 μm，或性能相当者；

流动相：A 液，乙腈甲醇混合液（4.8.1）；B 液，0.1%乙酸溶液（4.8.2）；流动相梯度洗脱见表 1。

表 1　流动相梯度洗脱

时间，min	A 液，%	B 液，%
0	15	85
30	50	50
34	15	85

流速：0.8 mL/min；

检测波长：270 nm；

柱温：室温；

进样量：20 μL。

7.3.2 样品测定

按(7.3.1)设置仪器条件，取相应的混合标准工作液和试样溶液，做多点校准，外标法定量。标准溶液和试样溶液中 9 种磺胺类药物的响应值均在仪器检测线性范围之内。

8 结果计算

8.1 饲料中磺胺的含量按(1)式计算：

$$w_i = \frac{P_i \times c_i \times V}{P_{si} \times m} \quad \cdots\cdots (1)$$

式中：

w_i——试样中磺胺的质量浓度，单位为微克每克(μg /g)；

P_i——试样溶液峰面积值；

V——定容体积，单位为毫升(mL)；

c_i——标准溶液的浓度，单位为微克每毫升(μg/mL)；

P_{si}——标准溶液峰面积的平均值；

m——试样的质量，单位为克(g)。

8.2 按平行测定的算术平均值报告结果，结果保留三位有效数字。

9 重复性

同一分析者在同一实验室使用同一台仪器，对同一试样进行平行测定结果的相对偏差≤15%。

附　录　A
(资料性附录)
9 种磺胺类药物标准溶液色谱图

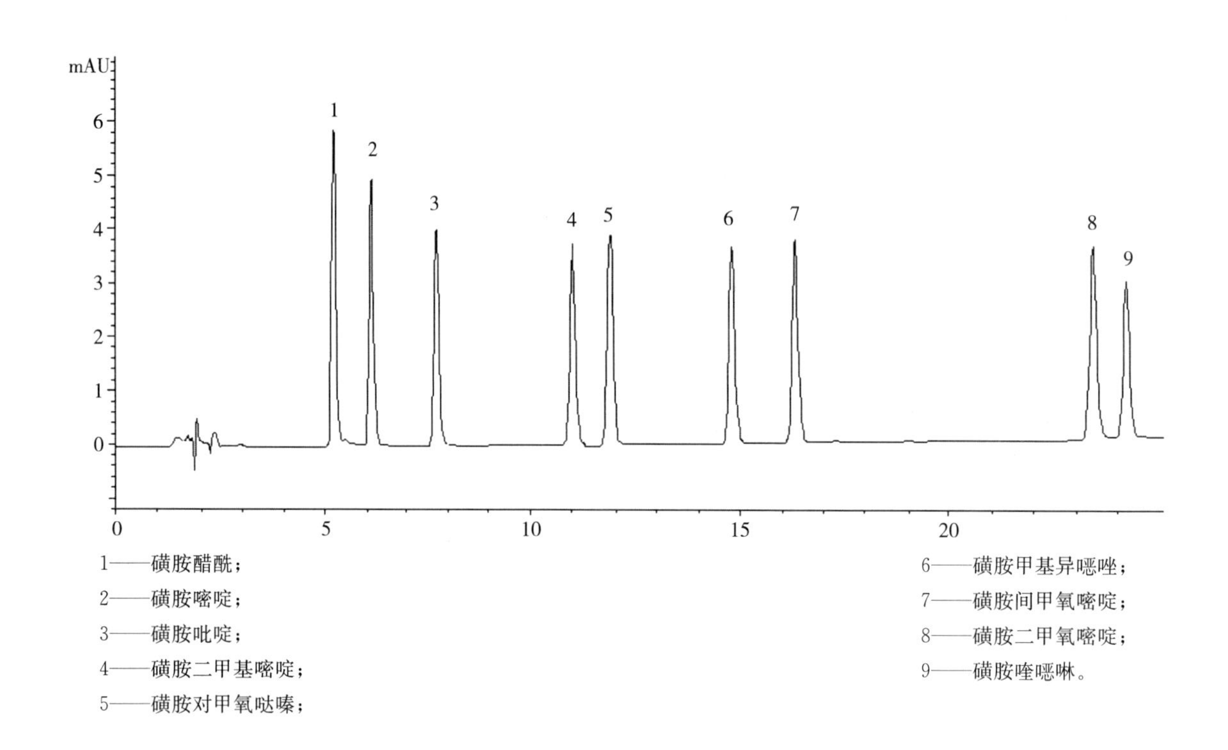

附　录　B
（资料性附录）
9 种磺胺类药物的中英文名对照、分子式和分子量

磺胺药物中文名称	磺胺药物英文名称	分子式	分子量
磺胺醋酰	Sulfacetamide	$C_8H_{10}N_2O_3S$	214.2
磺胺嘧啶	Sulfadiazine	$C_{10}H_{10}N_4O_2S$	250.3
磺胺吡啶	Sulfapyridine	$C_{11}H_{11}N_3O_2S$	249.3
磺胺二甲基嘧啶	Sulfadimidine	$C_{12}H_{14}N_4O_2S$	278.3
磺胺对甲氧哒嗪	Sulfamethoxypyridazine	$C_{11}H_{12}N_4O_3S$	279.3
磺胺甲基异噁唑	Sulfamethoxazole	$C_{10}H_{11}N_3O_3S$	253.3
磺胺间甲氧嘧啶	Sulfamonomethoxine	$C_{11}H_{12}N_4O_3S$	280.3
磺胺二甲氧嘧啶	Sulfadimethoxine	$C_{12}H_{14}N_4O_4S$	310.3
磺胺喹噁啉（钠盐）	Sulfaquinoxaline sodium salt	$C_{14}H_{12}N_4NaO_2S$	322.3

ICS 65.120
B 46

中华人民共和国国家标准

农业部1486号公告—8—2010

饲料中硝基呋喃类药物的测定 高效液相色谱法

**Determination of nitrofurans in feeds—
High performance liquid chromatography**

2010-11-16 发布

2010-11-16 实施

中华人民共和国农业部 发布

前　　言

本标准遵照 GB/T 1.1—2009 给出的规则起草。

本标准由中华人民共和国农业部畜牧业司提出。

本标准由全国饲料工业标准化技术委员会(SAC/TC 76)归口。

本标准起草单位:中国农业大学动物医学院。

本标准起草人:沈建忠、张素霞、程林丽、江海洋、李建成、吴聪明、刘金凤。

饲料中硝基呋喃类药物的测定
高效液相色谱法

1 范围

本标准规定了饲料中 4 种硝基呋喃类药物含量的制样和高效液相色谱检测方法。

本标准适用于配合饲料、浓缩饲料和添加剂预混合饲料中呋喃西林、呋喃妥因、呋喃它酮和呋喃唑酮单个或多个药物含量的测定。

本标准的检测限：饲料中呋喃西林、呋喃妥因、呋喃它酮和呋喃唑酮均为 0.3 mg/kg。

本标准的定量限：饲料中呋喃西林、呋喃妥因、呋喃它酮和呋喃唑酮均为 1.0 mg/kg。

2 规范性引用文件

下列文件对于本文件的应用是必不可少的。凡是注日期的引用文件，仅注日期的版本适用于本文件。凡是不注日期的引用文件，其最新版本(包括所有的修改单)适用于本文件。

GB/T 6682　分析实验室用水规则和试验方法

GB/T 14699.1　饲料　采样

GB/T 20195　动物饲料　试样的制备

3 方法原理

用乙腈提取试样中的硝基呋喃类药物，浓缩近干，用 2%甲酸溶解，经混合型阳离子交换柱净化。高效液相色谱法测定，外标法定量。

4 试剂和材料

除非另有说明，在分析中仅使用确认为分析纯的试剂和 GB/T 6682 中规定的二级水。

4.1 乙腈：色谱纯。

4.2 甲醇：色谱纯。

4.3 甲酸：色谱纯。

4.4 氨水。

4.5 乙酸铵：色谱纯。

4.6 混合型阳离子交换柱：MCX 小柱或相当者，规格为 60 mg/3mL。

4.7 微孔滤膜：规格为 0.2 μm。

4.8 硝基呋喃类药物标准品：呋喃西林(Nitrofurazone)：纯度≥99%；呋喃妥因(Nitrofuantion)：纯度≥99%；呋喃它酮(Furaltadone)：纯度≥99%；呋喃唑酮(Furazolidone)：纯度≥99%。

4.9 2%甲酸：量取 2 mL 甲酸和 98 mL 水，混匀。

4.10 1%氨水溶液：量取 1 mL 氨水和 99 mL 水，混匀。

4.11 固相萃取柱洗脱液：量取 1%氨水溶液 30 mL 和甲醇 70 mL，混匀。

4.12 0.1 %乙酸铵溶液：称取 1.0 g 乙酸铵，用水稀释定容至 1 L。

4.13 硝基呋喃类药物标准贮备液(200 μg/mL)：称取 4 种硝基呋喃类药物(4.8)各 0.02 g(精确到 0.000 1 g)于 4 个 100 mL 容量瓶中，加乙腈定容至刻度，超声溶解。4℃可以保存 6 个月。

4.14 硝基呋喃类药物混合标准贮备液(40 μg/mL):精密量取 200 μg/mL 的 4 种硝基呋喃类药物标准贮备液(4.13)各 20 mL 于 100 mL 容量瓶中,用乙腈定容至刻度。4℃可以保存 6 个月。

4.15 混合标准工作液:分别移取适量 40 μg/mL 混合标准贮备液(4.14)于 5 mL 容量瓶中,50℃氮气吹干,用 2%甲酸(4.9)定容至刻度,配制成 0.05 μg/mL、0.2 μg/mL、0.5 μg/mL、1 μg/mL、2 μg/mL、5 μg/mL 和 20 μg/mL 的系列标准工作液。4℃可以保存 1 周。

5 仪器和设备

5.1 实验室常用仪器、设备。

5.2 高效液相色谱仪,配二极管阵列检测器或紫外检测器。

5.3 天平:感量 0.01 g。

5.4 分析天平:感量 0.000 1 g。

5.5 涡旋混合器。

5.6 离心机。

5.7 旋转蒸发仪。

5.8 固相萃取装置。

6 采样与试样制备

按 GB/T 14699.1 的规定采集样品后,按 GB/T 20195 的规定取 1 kg 样品,四分法缩减取约 200 g,经粉碎,全部过 200 目孔筛,混匀装入磨口瓶中备用。

7 分析步骤

7.1 提取

称取配合饲料或浓缩饲料(2±0.02) g[或预混合饲料(1±0.01) g]于 100 mL 离心管中,加 50 mL 乙腈,涡动 1 min,65℃超声提取 15 min,每隔 5 min 手摇一次。3 800 r/min 离心 15 min。移取上清液 5 mL于 100 mL 鸡心瓶中,50℃旋转蒸发至干。

7.2 净化

往鸡心瓶中加 2%甲酸(4.12)5 mL,超声 2 min,接着涡动 1 min 使其充分溶解。将混合型阳离子交换柱安装于固相萃取装置上,依次用甲醇 3 mL、2%甲酸溶液 3 mL(4.12)活化。将样品液通过固相萃取柱,用水 3 mL 淋洗,抽真空 1 min。3 mL 固相萃取柱洗脱液(4.11)洗脱。上样溶液、淋洗液和洗脱液的流速均控制在不超过 1 mL/min。50 ℃氮气吹干,加 2%甲酸 1 mL 溶解残余物,过 0.2 μm 滤膜,供高效液相色谱测定。

7.3 测定

7.3.1 液相色谱条件

色谱柱:Inertsil ODS-3 色谱柱,长 250 mm,内径 4.6 mm,粒径 5 μm,或相当者。

流动相:乙腈+0.05%乙酸铵,梯度洗脱;梯度洗脱条件见表 1。

表 1 液相色谱梯度洗脱条件

时间,min	0.05%乙酸铵,%	乙腈,%
0	85	15
15	65	35
17	85	15
20	85	15

流速：1.0 mL/min。

检测波长：365 nm。

柱温：室温。

进样量：20 μL。

7.3.2 液相色谱测定

分别取适量试样溶液和相应浓度的标准工作液，作单点或多点校准，以色谱峰面积积分值定量。标准工作液及试样液中硝基呋喃类药物的响应值均应在仪器检测的线性范围之内，试样液进样测定过程中应参插标准工作液，以便准确定量。试样液浓度不在线性范围内时将样品稀释后进样。标准品液相色谱图参见附录 A。

8 结果计算

饲料中硝基呋喃类药物的含量 X_i，以质量分数(mg/kg)表示，按式(1)计算：

$$X_i = \frac{C_i \times V \times n}{m} \quad \cdots\cdots (1)$$

式中：

C_i——上机试样液中对应的硝基呋喃类药物的浓度，单位为微克每毫升(μg/mL)；

V——上机试样液总体积，单位为毫升(mL)；

n——稀释倍数；

m——试样质量，单位为克(g)。

测定结果用平行测定后的算术平均值表示，保留三位有效数字。

9 重复性

在重复性条件下完成的两个平行测定结果的相对偏差不大于 15%。

附 录 A
(资料性附录)
标准溶液色谱图

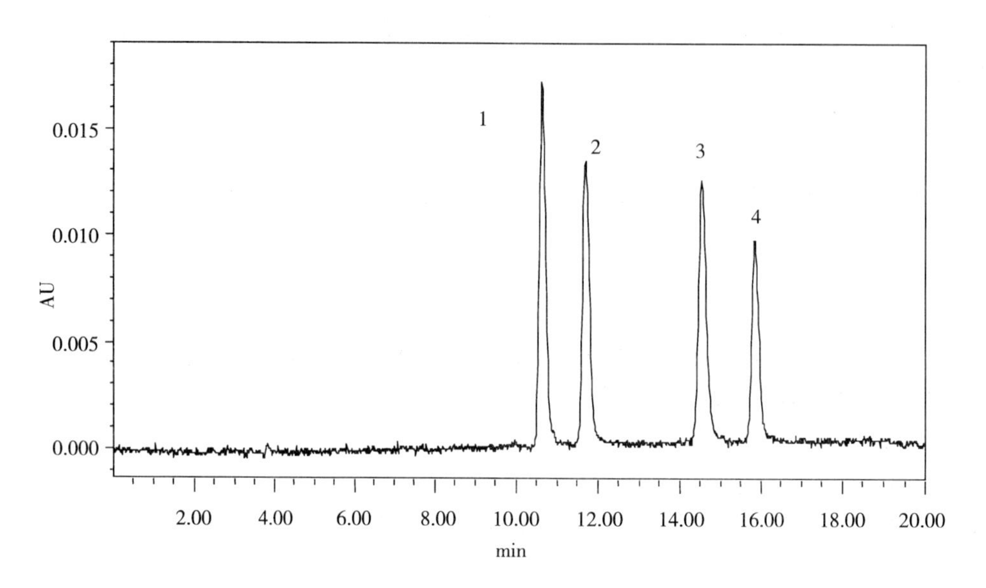

图 A.1 2 μg/mL 硝基呋喃类药物标准溶液色谱图

(1 呋喃西林;2 呋喃妥因;3 呋喃唑酮;4 呋喃它酮)

ICS 65.120
B 46

中华人民共和国国家标准

农业部1486号公告—9—2010

饲料中氯烯雌醚的测定 高效液相色谱法

Determination of chlorotrianisene in feeds—High-performance liquid chromatography

2010-11-16 发布

2010-11-16 实施

中华人民共和国农业部 发布

前　言

本标准遵照 GB/T 1.1—2009 给出的规则起草。

本标准由中华人民共和国农业部畜牧业司提出。

本标准由全国饲料工业标准化技术委员会(SAC/TC 76)归口。

本标准起草单位:农业部饲料质量监督检验测试中心(成都)。

本标准主要起草人:柏凡、赵立军、高庆军、赵彩会、张自强、廖峰、冯娅。

饲料中氯烯雌醚的测定
高效液相色谱法

1 范围

本标准规定了测定饲料中氯烯雌醚含量的高效液相色谱法(HPLC)。

本标准适用于配合饲料、浓缩饲料和添加剂预混合饲料。

本标准的检测限为 0.1 mg/kg,定量限为 0.3 mg/kg。

2 规范性引用文件

下列文件对于本文件的应用是必不可少的。凡是注日期的引用文件,仅注日期的版本适用于本文件。凡是不注日期的引用文件,其最新版本(包括所有的修改单)适用于本文件。

GB/T 6682 分析实验室用水规格和试验方法

GB/T 14699.1 饲料 采样

GB/T 20195 动物饲料 试样的制备

3 原理

用乙腈从饲料中提取氯烯雌醚,离心后取上清液经过 C_{18} 固相萃取小柱净化,用高效液相色谱仪—紫外检测器在 307 nm 处测定。外标法计算其含量。

4 试剂和材料

除非另有说明,在分析中仅使用分析纯的试剂。

4.1 色谱分析用水符合 GB/T 6682 中一级水的规定。

4.2 甲醇:色谱纯。

4.3 乙腈:色谱纯。

4.4 25%氨水。

4.5 流动相:甲醇+水=82+18。

4.6 氯烯雌醚储备液:准确称取适量氯烯雌醚标准品(纯度≥95%),用甲醇(4.2)溶解、定容至 100 mL。此贮备液浓度为 100 μg/mL,密封贮于 4℃冰箱内,有效期为一个月。

4.7 氯烯雌醚中间液:准确移取适量氯烯雌醚储备液(4.6)配制,保存于 4℃冰箱内,有效期为一周。

4.8 标准工作溶液:分别准确移取氯烯雌醚储备液和中间液,用甲醇(4.2)配制成标准工作溶液:0.05 μg/mL、1.0 μg/mL、2.0 μg/mL、5.0 μg/mL、10.0 μg/mL、20.0 μg/mL。现配现用。

4.9 淋洗液的配制:25%氨水(4.4)+水(一级)=5+95。

4.10 C_{18} 固相萃取小柱:200 mg/3 mL。

5 仪器和设备

5.1 实验室用样品粉碎机。

5.2 分析天平:感量 0.1 mg。

5.3 离心机:转速为 5 000 r/min 以上。

5.4 超纯水器。

5.5 超声波清洗器。

5.6 涡旋混合器。

5.7 振荡器。

5.8 密封盖塑料离心管:50 mL。

5.9 固相萃取装置。

5.10 高效液相色谱仪:配备紫外检测器。

5.11 氮吹仪。

6 试样的制备

按 GB/T 14699.1 的规定采集试样后,按 GB/T 20195 的规定,选取具有代表性的实验室样品 1 kg,四分法缩减分取 200 g 左右,粉碎过 1 mm 孔筛,混匀装入磨口瓶中备用。

7 分析步骤

7.1 提取

准确称取配合饲料 5 g、浓缩饲料或添加剂预混合饲料称取 2 g(精确到 0.01 g),置于离心管(5.8)中,加入提取液乙腈(4.3)10.0 mL,涡旋振荡 2 min。然后将离心管(5.8)置于振荡器(5.7)上振荡 20 min,然后在离心机(5.3)上以 5 000 r/min 离心 5 min,吸取上清液于另一具塞试管中,待净化。

7.2 SPE 柱净化

每一试样各准备一只 C_{18} 小柱(4.10),依次用 3 mL 甲醇(4.2)、3 mL 蒸馏水、3 mL 甲醇(4.2)活化。将提取液(7.1)3.0 mL 与等体积的蒸馏水混合均匀后,吸取 5.0 mL 过此小柱(流速<1.0 mL/min)。用 6 mL 淋洗液(4.9)淋洗,最后用 3 mL 甲醇(4.2)洗脱,收集洗脱液于 10 mL 试管内,洗脱液于 50℃下用氮气吹干,残余物用 1.0 mL 甲醇(4.2)定容,涡旋混合 1 min,过 0.45 μm 滤膜作为试样制备液,供高效液相色谱测定。

7.3 HPLC 测定参数的设定

检测器:紫外检测器,检测波长:307 nm;

色谱柱:C_{18} 柱,5 μm,250 mm×4.6 mm,或性能类似的色谱柱;

流动相:甲醇+水=82+18;

流速:1.0 mL/min;

柱温:30℃;

进样量:20 μL。

7.4 HPLC 测定

取适量试样制备液(7.2)和相应浓度的标准工作溶液(4.8),作单点或多点校准,以色谱峰面积积分值定量。当分析物浓度不在线性范围内时,应将分析物稀释或者浓缩后再进行检测。

8 定性

8.1 总则

如果从峰形、测定数值对氯烯雌醚的峰产生怀疑,则必须用二极管阵列检测器(8.2)来定性。

8.2 二极管阵列检测器

8.2.1 条件

色谱测定条件同 7.3 的规定,只是将紫外检测器换为二极管阵列检测器,具体参数如下:

参数	设定
测定波长	307 nm
频带宽度	4 nm[即波长(307±2) nm]
参比波长	450 nm
参比频带宽度	100 nm
光谱范围	200 nm～400 nm
光谱值	基线、峰最大值、上升拐点斜率和下降拐点斜率

8.2.2 步骤

HPLC系统稳定后，依次注入适量浓度的氯烯雌醚标准工作溶液(4.8)、有疑问的试样制备液(7.2)和又一适量浓度的氯烯雌醚标准工作溶液(4.8)。记录、存储各个色谱峰的基线、最大值以及峰两侧的拐点数据。

8.2.3 评价

将试样色谱峰不同光谱值归一化并绘制成图，记录峰值和峰前后的拐点值。分别将试样峰光谱和氯烯雌醚标准系列溶液的光谱归一化，并绘图，在峰顶处标示。

8.2.4 定性标准

样品峰只有满足下列条件才能证实是氯烯雌醚：

a) 样品峰的保留时间应与标准峰的保留时间相同(差异≤±5%)。

b) 样品峰的纯度评定是基于所记录的峰顶、上升拐点斜率和下降拐点斜率不同光谱的符合程度。所有光谱图每个波长的相对吸收值应该相等(差异≤±15%)。

c) 样品峰和标准峰的最大吸收波长应该相同，即其差异不大于检测系统分辨率决定的范围(一般是2 nm～4 nm)，两个光谱图任意观察点的偏差均不能超过该特定波长下标准测定物吸收值的15%。

9 计算结果

9.1 饲料中氯烯雌醚的含量X，以质量分数(mg/kg)表示，按下列式(1)计算：

$$X=\frac{P_i\times C_s\times V_s\times V}{P_s\times m\times V_i\times 2.5} \quad \cdots\cdots (1)$$

式中：

P_i——试样溶液峰面积值；

C_s——标准溶液浓度，单位为微克每毫升(μg/mL)；

V_s——标准溶液进样体积，单位为微升(μL)；

V——提取液体积，单位为毫升(mL)；

P_s——标准溶液峰面积值；

m——称取饲料的质量，单位为克(g)；

V_i——试样溶液进样体积，单位为微升(μL)。

9.2 按平行测定的算数平均值报告结果，计算结果保留三位有效数字。

10 精密度

10.1 重复性

在同一实验室，由同一操作人员完成的两个平行测定结果，相对偏差不大于10%；以两次平行测定结果的平均值为测定结果。

10.2 再现性

在不同的实验室，由不同的操作人员用不同的仪器设备完成的测定结果，相对偏差不大于 20%。

附 录 A
(资料性附录)
氯烯雌醚标准色谱图和光谱图

A.1 氯烯雌醚标准色谱图见图 A.1。

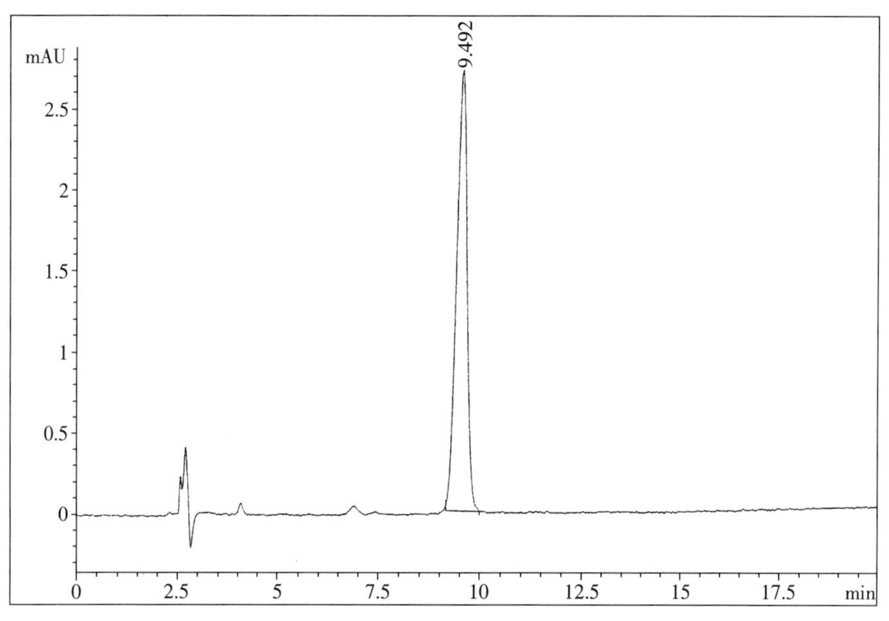

图 A.1 氯烯雌醚标准色谱图

A.2 氯烯雌醚标准光谱图见图 A.2。

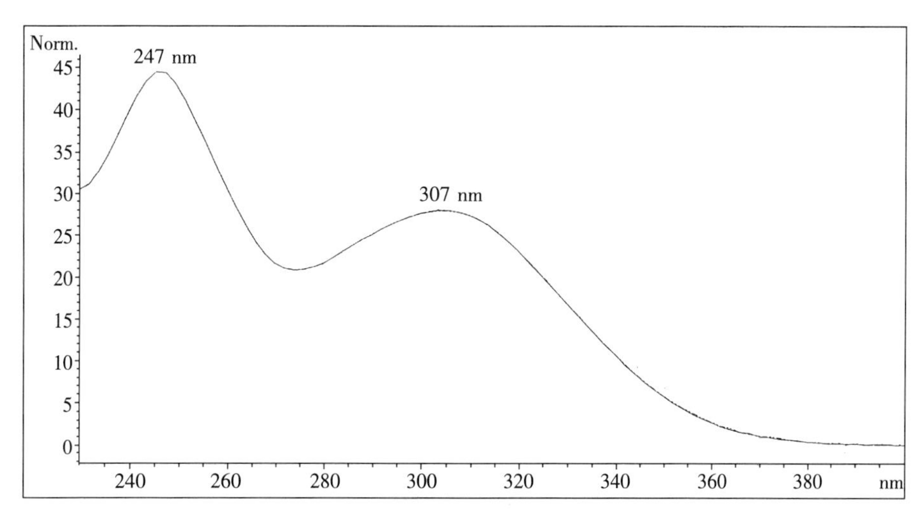

图 A.2 氯烯雌醚标准光谱图

ICS 65.120
B 46

中华人民共和国国家标准

农业部1486号公告—10—2010

饲料中三唑仑的测定 气相色谱—质谱法

**Determination of triazolam in feeds—
Gas chromatography/mass spectrometry method**

2010-11-16 发布　　2010-11-16 实施

中华人民共和国农业部 发布

前　　言

本标准遵照 GB/T 1.1—2009 给出的规则起草。

本标准由中华人民共和国农业部畜牧业司提出。

本标准由全国饲料工业标准化技术委员会(SAC/TC 76)归口。

本标准起草单位:农业部饲料质量监督检验测试中心(成都)。

本标准主要起草人:李云、张静、高庆军、李宏、甄阳光、林顺全、冯娅。

饲料中三唑仑的测定气相色谱—质谱法

1 范围

本标准规定了测定饲料中三唑仑含量的气相色谱—质谱法(GC—MS)。

本标准适用于配合饲料、浓缩饲料和添加剂预混合饲料。

本标准的检测限为 0.03 mg/kg,定量限为 0.1 mg/kg。

2 规范性引用文件

下列文件对于本文件的应用是必不可少的。凡是注日期的引用文件,仅注日期的版本适用于本文件。凡是不注日期的引用文件,其最新版本(包括所有的修改单)适用于本文件。

GB/T 6682 分析实验室用水规格和试验方法

GB/T 14699.1 饲料 采样

GB/T 20195 动物饲料 试样的制备

3 原理

用甲醇从饲料中提取三唑仑,离心,取上清液酸化后经阳离子固相萃取小柱净化,吹干,用合适的溶剂溶解,于气相色谱—质谱仪上测定。外标法计算其含量。

4 试剂和材料

除非另有说明,本标准所用试剂均为分析纯。

4.1 水:符合 GB/T 6682 一级用水的规定。

4.2 甲醇:色谱纯。

4.3 1%乙酸溶液:取 1 mL 冰乙酸,用水稀释至 100 mL。

4.4 5%氨化甲醇:取 5 mL 氨水,用甲醇稀释至 100 mL。

4.5 阳离子固相萃取小柱(3 mL,60 mg)。

4.6 三唑仑标准溶液的配制。

4.6.1 标准储备液:准确称取 25.0 mg 三唑仑标准品,用甲醇溶解并定容至 100 mL。此储备液浓度为 250 μg/mL。置于 2℃~8℃冰箱中保存,有效期三个月。

4.6.2 标准中间液Ⅰ:将标准储备液(4.6.1)用甲醇稀释为 100 μg/mL,置于 2℃~8℃冰箱中保存,有效期一个月。

4.6.3 标准中间液Ⅱ:将标准储备液(4.6.1)用甲醇稀释为 10 μg/mL,置于 2℃~8℃冰箱中保存,有效期一个月。

4.6.4 标准工作液:分别移取标准中间液Ⅱ(4.6.3)1.0 mL、5.0 mL、10.0 mL 于 100 mL 容量瓶中,标准中间液Ⅰ(4.6.2)2.0 mL、5.0 mL 于 100 mL 容量瓶中,用甲醇稀释、定容,配制成浓度分别为 0.1 μg/mL、0.5 μg/mL、1.0 μg/mL、2.0 μg/mL、5.0 μg/mL 的标准工作液。置于 2℃~8℃冰箱中保存,有效期两周。

4.7 微孔滤膜(0.45 μm)。

5 仪器和设备

5.1 气相色谱—质谱仪。

5.2 实验室用样品粉碎机。

5.3 分析天平:感量 0.000 1 g。

5.4 天平:感量 0.01 g。

5.5 离心机。

5.6 超纯水器。

5.7 超声波清洗器。

5.8 涡旋混合器。

5.9 振荡机。

5.10 带盖塑料离心管:50 mL。

5.11 氮吹仪。

5.12 固相萃取装置。

6 采样和试样的制备

按 GB/T 14699.1 的规定采集试样后,按 GB/T 20195 的规定选取具有代表性的实验室样品 1 kg,四分法缩减分取 200 g 左右,粉碎过 1 mm 孔筛,混匀装入磨口瓶中备用。

7 分析步骤

7.1 提取

准确称取配合饲料、浓缩饲料或预混饲料 2 g(精确到 0.01 g),置于离心管(5.10)中,准确加入甲醇 10.0 mL(浓缩饲料和预混饲料采用 20.0 mL),加盖密封,振荡提取 15 min,5 000 r/min 离心 5 min。精密量取上清液 5.0 mL 置于具塞试管中,加入 1 mL 1%乙酸溶液(4.3),混匀,备用。

7.2 净化

将经酸化后的提取液通过用 3 mL 甲醇和 3 mL 水活化过的阳离子固相萃取小柱(4.5),过柱速度不超过 2 mL/min,依次用 3 mL 水和 3 mL 甲醇淋洗固相萃取柱,抽干。最后用 4 mL 5%氨化甲醇(4.4)洗脱,洗脱液于氮吹仪(5.11)40℃下吹干,准确加入甲醇 500 μL,涡旋 30 s,过 0.45 μm 微孔滤膜(4.7)后进行测定。

7.3 测定

7.3.1 GC/MS 测定参数

色谱柱:5%苯基甲基聚硅氧烷毛细管柱,长 30 m,内径 0.25 mm,膜厚 0.25 μm,或相当者;

载气:氦气(纯度 99.999%);

流速:1.0 mL/min;

进样口温度:300℃;

进样量:1.0 μL,不分流方式;

柱温程序:初始温度 150℃,保持 1 min,然后以 20℃/min 升至 310℃,保持 7 min;

EI 源电子轰击能量:70 eV;

离子源温度:230℃;

四极杆温度:150℃;

GC/MS 传输线温度:280℃;

EM 电压：高于调谐电压 200 V；

溶剂延迟：7 min；

质量扫描范围(m/z)：40 amu～400 amu；

选择离子监测(m/z)：137、238、313、342。定量离子：313。

7.3.2 定性定量方法

7.3.2.1 定性方法

样品与标准品保留时间的相对偏差不大于 1%。样品定性离子相对丰度与浓度相近的标准品离子相对丰度比较，偏差不超过表 1 的规定范围。

表 1 相对离子丰度的最大允许误差

相对离子丰度，%	>50	20～50	10～20
最大允许误差，%	±10	±15	±20

7.3.2.2 定量方法

采用选择离子监测(SIM)法，取适量样品溶液和相应的标准工作溶液进样，以定量离子峰面积为纵坐标，以三唑仑浓度为横坐标进行单点或多点校准定量。标准工作液和样品溶液中三唑仑的响应值均应在仪器线性范围以内。

8 结果计算

饲料中三唑仑的含量 X，以质量分数(mg/kg)表示，按式(1)计算：

$$X = \frac{A_x \times C_s \times V_1 \times V_2}{A_s \times V_3 \times m} \quad \cdots\cdots (1)$$

式中：

X——饲料中三唑仑的含量，单位为毫克每千克(mg/kg)；

A_x——样品溶液中三唑仑的峰面积；

A_s——标准溶液中三唑仑的峰面积；

C_s——标准溶液三唑仑的浓度，单位为微克每毫升(μg/mL)；

V_1——提取液的体积，单位为毫升(mL)；

V_2——上机前定容体积，单位为毫升(mL)；

V_3——移取提取液上固相萃取小柱的体积，单位为毫升(mL)；

m——称取饲料的质量，单位为克(g)。

计算结果保留三位有效数字。

9 精密度

在同一实验室，由同一操作人员完成的两个平行测定结果，相对偏差不大于 20%；以两次平行测定结果的计算平均值为测定结果。

附 录 A
(资料性附录)
三唑仑标准图谱

A.1 三唑仑选择离子色谱图见图 A.1。

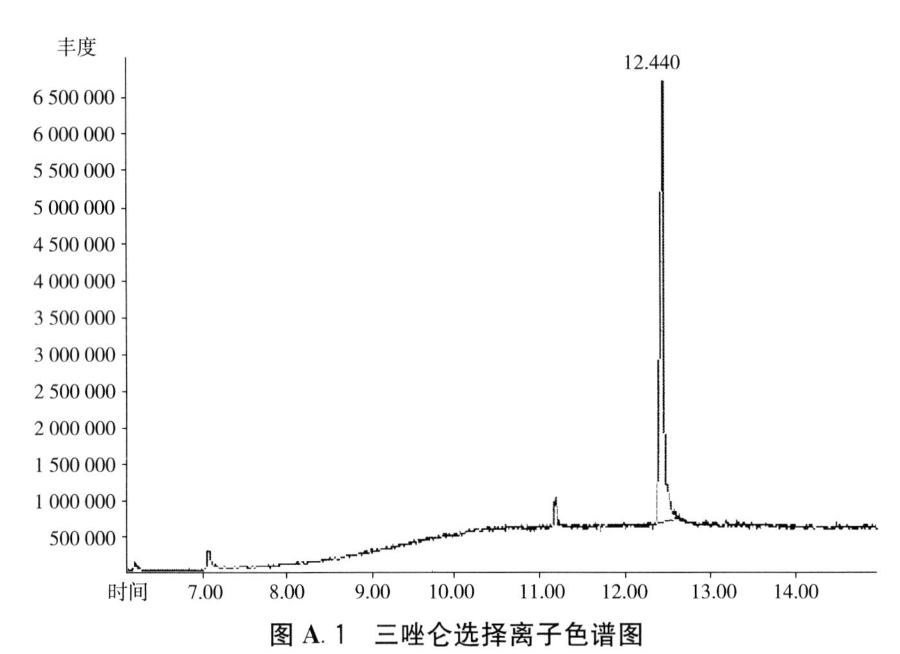

图 A.1 三唑仑选择离子色谱图

A.2 三唑仑选择离子质谱图见图 A.2。

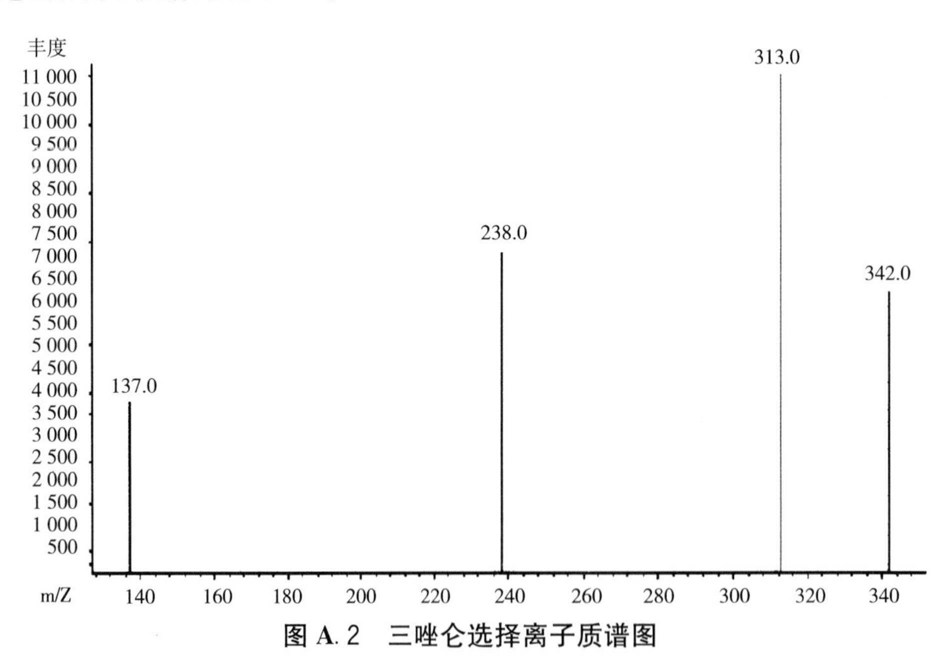

图 A.2 三唑仑选择离子质谱图

附录

中华人民共和国农业部公告
第 1390 号

《茭白等级规格》等 122 项标准业经专家审定通过，我部审查批准，现发布为中华人民共和国农业行业标准。自 2010 年 9 月 1 日起实施。

特此公告

二〇一〇年五月二十日

附 录

序号	标准号	标准名称	代替标准号
1	NY/T 1834—2010	茭白等级规格	
2	NY/T 1835—2010	大葱等级规格	
3	NY/T 1836—2010	白灵菇等级规格	
4	NY/T 1837—2010	西葫芦等级规格	
5	NY/T 1838—2010	黑木耳等级规格	
6	NY/T 1839—2010	果树术语	
7	NY/T 1840—2010	露地蔬菜产品认证申报审核规范	
8	NY/T 1841—2010	苹果中可溶性固形物、可滴定酸无损伤快速测定　近红外光谱法	
9	NY/T 1842—2010	人参中皂苷的测定	
10	NY/T 1843—2010	葡萄无病毒母本树和苗木	
11	NY/T 1844—2010	农作物品种审定规范　食用菌	
12	NY/T 1845—2010	食用菌菌种区别性鉴定　拮抗反应	
13	NY/T 1846—2010	食用菌菌种检验规程	
14	NY/T 1847—2010	微生物肥料生产菌株质量评价通用技术要求	
15	NY/T 1848—2010	中性、石灰性土壤铵态氮、有效磷、速效钾的测定　联合浸提—比色法	
16	NY/T 1849—2010	酸性土壤铵态氮、有效磷、速效钾的测定　联合浸提—比色法	
17	NY/T 1850—2010	外来昆虫引入风险评估技术规范	
18	NY/T 1851—2010	外来草本植物引入风险评估技术规范	
19	NY/T 1852—2010	内生集壶菌检疫技术规程	
20	NY/T 1853—2010	除草剂对后茬作物影响试验方法	
21	NY/T 1854—2010	马铃薯晚疫病测报技术规范	
22	NY/T 1855—2010	西藏飞蝗测报技术规范	
23	NY/T 1856—2010	农区鼠害控制技术规程	
24	NY/T 1857.1—2010	黄瓜主要病害抗病性鉴定技术规程　第1部分:黄瓜抗霜霉病鉴定技术规程	
25	NY/T 1857.2—2010	黄瓜主要病害抗病性鉴定技术规程 第2部分:黄瓜抗白粉病鉴定技术规程	
26	NY/T 1857.3—2010	黄瓜主要病害抗病性鉴定技术规程　第3部分:黄瓜抗枯萎病鉴定技术规程	
27	NY/T 1857.4—2010	黄瓜主要病害抗病性鉴定技术规程　第4部分:黄瓜抗疫病鉴定技术规程	
28	NY/T 1857.5—2010	黄瓜主要病害抗病性鉴定技术规程　第5部分:黄瓜抗黑星病鉴定技术规程	
29	NY/T 1857.6—2010	黄瓜主要病害抗病性鉴定技术规程　第6部分:黄瓜抗细菌性角斑病鉴定技术规程	
30	NY/T 1857.7—2010	黄瓜主要病害抗病性鉴定技术规程　第7部分:黄瓜抗黄瓜花叶病毒病鉴定技术规程	
31	NY/T 1857.8—2010	黄瓜主要病害抗病性鉴定技术规程　第8部分:黄瓜抗南方根结线虫病鉴定技术规程	
32	NY/T 1858.1—2010	番茄主要病害抗病性鉴定技术规程　第1部分:番茄抗晚疫病鉴定技术规程	
33	NY/T 1858.2—2010	番茄主要病害抗病性鉴定技术规程　第2部分:番茄抗叶霉病鉴定技术规程	
34	NY/T 1858.3—2010	番茄主要病害抗病性鉴定技术规程　第3部分:番茄抗枯萎病鉴定技术规程	
35	NY/T 1858.4—2010	番茄主要病害抗病性鉴定技术规程　第4部分:番茄抗青枯病鉴定技术规程	

（续）

序号	标准号	标准名称	代替标准号
36	NY/T 1858.5—2010	番茄主要病害抗病性鉴定技术规程 第5部分：番茄抗疮痂病鉴定技术规程	
37	NY/T 1858.6—2010	番茄主要病害抗病性鉴定技术规程 第6部分：番茄抗番茄花叶病毒病鉴定技术规程	
38	NY/T 1858.7—2010	番茄主要病害抗病性鉴定技术规程 第7部分：番茄抗黄瓜花叶病毒病鉴定技术规程	
39	NY/T 1858.8—2010	番茄主要病害抗病性鉴定技术规程 第8部分：番茄抗南方根结线虫病鉴定技术规程	
40	NY/T 1859.1—2010	农药抗性风险评估 第1部分：总则	
41	NY/T 1464.27—2010	农药田间药效试验准则 第27部分：杀虫剂防治十字花科蔬菜蚜虫	
42	NY/T 1464.28—2010	农药田间药效试验准则 第28部分：杀虫剂防治阔叶树天牛	
43	NY/T 1464.29—2010	农药田间药效试验准则 第29部分：杀虫剂防治松褐天牛	
44	NY/T 1464.30—2010	农药田间药效试验准则 第30部分：杀菌剂防治烟草角斑病	
45	NY/T 1464.31—2010	农药田间药效试验准则 第31部分：杀菌剂防治生姜姜瘟病	
46	NY/T 1464.32—2010	农药田间药效试验准则 第32部分：杀菌剂防治番茄青枯病	
47	NY/T 1464.33—2010	农药田间药效试验准则 第33部分：杀菌剂防治豇豆锈病	
48	NY/T 1464.34—2010	农药田间药效试验准则 第34部分：杀菌剂防治茄子黄萎病	
49	NY/T 1464.35—2010	农药田间药效试验准则 第35部分：除草剂防治直播蔬菜田杂草	
50	NY/T 1464.36—2010	农药田间药效试验准则 第36部分：除草剂防治菠萝地杂草	
51	NY/T 1860.1—2010	农药理化性质测定试验导则 第1部分：pH值	
52	NY/T 1860.2—2010	农药理化性质测定试验导则 第2部分：酸(碱)度	
53	NY/T 1860.3—2010	农药理化性质测定试验导则 第3部分：外观	
54	NY/T 1860.4—2010	农药理化性质测定试验导则 第4部分：原药稳定性	
55	NY/T 1860.5—2010	农药理化性质测定试验导则 第5部分：紫外/可见光吸收	
56	NY/T 1860.6—2010	农药理化性质测定试验导则 第6部分：爆炸性	
57	NY/T 1860.7—2010	农药理化性质测定试验导则 第7部分：水中光解	
58	NY/T 1860.8—2010	农药理化性质测定试验导则 第8部分：正辛醇/水分配系数	
59	NY/T 1860.9—2010	农药理化性质测定试验导则 第9部分：水解	
60	NY/T 1860.10—2010	农药理化性质测定试验导则 第10部分：氧化—还原/化学不相容性	
61	NY/T 1860.11—2010	农药理化性质测定试验导则 第11部分：闪点	
62	NY/T 1860.12—2010	农药理化性质测定试验导则 第12部分：燃点	
63	NY/T 1860.13—2010	农药理化性质测定试验导则 第13部分：与非极性有机溶剂混溶性	
64	NY/T 1860.14—2010	农药理化性质测定试验导则 第14部分：饱和蒸气压	
65	NY/T 1860.15—2010	农药理化性质测定试验导则 第15部分：固体可燃性	
66	NY/T 1860.16—2010	农药理化性质测定试验导则 第16部分：对包装材料腐蚀性	
67	NY/T 1860.17—2010	农药理化性质测定试验导则 第17部分：密度	
68	NY/T 1860.18—2010	农药理化性质测定试验导则 第18部分：比旋光度	
69	NY/T 1860.19—2010	农药理化性质测定试验导则 第19部分：沸点	
70	NY/T 1860.20—2010	农药理化性质测定试验导则 第20部分：熔点	
71	NY/T 1860.21—2010	农药理化性质测定试验导则 第21部分：黏度	
72	NY/T 1860.22—2010	农药理化性质测定试验导则 第22部分：溶解度	
73	NY/T 1861—2010	外来草本植物普查技术规程	
74	NY/T 1862—2010	外来入侵植物监测技术规程 加拿大一枝黄花	
75	NY/T 1863—2010	外来入侵植物监测技术规程 飞机草	
76	NY/T 1864—2010	外来入侵植物监测技术规程 紫茎泽兰	

（续）

序号	标准号	标准名称	代替标准号
77	NY/T 1865—2010	外来入侵植物监测技术规程　薇甘菊	
78	NY/T 1866—2010	外来入侵植物监测技术规程　黄顶菊	
79	NY/T 1867—2010	土壤腐殖质组成的测定　焦磷酸钠—氢氧化钠提取重铬酸钾氧化容量法	
80	NY/T 1868—2010	肥料合理使用准则　有机肥料	
81	NY/T 1869—2010	肥料合理使用准则　钾肥	
82	NY 1870—2010	藏獒	
83	NY/T 1871—2010	黄羽肉鸡饲养管理技术规程	
84	NY/T 1872—2010	种羊遗传评估技术规范	
85	NY/T 1873—2010	日本脑炎病毒抗体间接检测　酶联免疫吸附法	
86	NY 1874—2010	制绳机械设备安全技术要求	
87	NY/T 1875—2010	联合收割机禁用与报废技术条件	
88	NY/T 1876—2010	喷杆式喷雾机安全施药技术规范	
89	NY/T 1877—2010	轮式拖拉机质心位置测定　质量周期法	
90	NY/T 1878—2010	生物质固体成型燃料技术条件	
91	NY/T 1879—2010	生物质固体成型燃料采样方法	
92	NY/T 1880—2010	生物质固体成型燃料样品制备方法	
93	NY/T 1881.1—2010	生物质固体成型燃料试验方法　第1部分:通则	
94	NY/T 1881.2—2010	生物质固体成型燃料试验方法　第2部分:全水分	
95	NY/T 1881.3—2010	生物质固体成型燃料试验方法　第3部分:一般分析样品水分	
96	NY/T 1881.4—2010	生物质固体成型燃料试验方法　第4部分:挥发分	
97	NY/T 1881.5—2010	生物质固体成型燃料试验方法　第5部分:灰分	
98	NY/T 1881.6—2010	生物质固体成型燃料试验方法　第6部分:堆积密度	
99	NY/T 1881.7—2010	生物质固体成型燃料试验方法　第7部分:密度	
100	NY/T 1881.8—2010	生物质固体成型燃料试验方法　第8部分:机械耐久性	
101	NY/T 1882—2010	生物质固体成型燃料成型设备技术条件	
102	NY/T 1883—2010	生物质固体成型燃料成型设备试验方法	
103	NY/T 1884—2010	绿色食品　果蔬粉	
104	NY/T 1885—2010	绿色食品　米酒	
105	NY/T 1886—2010	绿色食品　复合调味料	
106	NY/T 1887—2010	绿色食品　乳清制品	
107	NY/T 1888—2010	绿色食品　软体动物休闲食品	
108	NY/T 1889—2010	绿色食品　烘炒食品	
109	NY/T 1890—2010	绿色食品　蒸制类糕点	
110	NY/T 1891—2010	绿色食品　海洋捕捞水产品生产管理规范	
111	NY/T 1892—2010	绿色食品　畜禽饲养防疫准则	
112	SC/T 1106—2010	渔用药物代谢动力学和残留试验技术规范	
113	SC/T 8139—2010	渔船设施卫生基本条件	
114	SC/T 8137—2010	渔船布置图专用设备图形符号	
115	SC/T 8117—2010	玻璃纤维增强塑料渔船木质阴模制作	SC/T 8117—2001
116	NY/T 1041—2010	绿色食品　干果	NY/T 1041—2006
117	NY/T 844—2010	绿色食品　温带水果	NY/T 844—2004，NY/T 428—2000
118	NY/T 471—2010	绿色食品　畜禽饲料及饲料添加剂使用准则	NY/T 471—2001
119	NY/T 494—2010	魔芋粉	NY/T 494—2002
120	NY/T 528—2010	食用菌菌种生产技术规程	NY/T 528—2002
121	NY/T 496—2010	肥料合理使用准则 通则	NY/T 496—2002
122	SC 2018—2010	红鳍东方鲀	SC 2018—2004

中华人民共和国农业部公告
第 1418 号

《加工用花生等级规格》等 44 项标准业经专家审定通过，我部审查批准，现发布为中华人民共和国农业行业标准，自 2010 年 9 月 1 日起实施。

特此公告

二〇一〇年七月八日

附　录

序号	标准号	标准名称	代替标准号
1	NY/T 1893—2010	加工用花生等级规格	
2	NY/T 1894—2010	茄子等级规格	
3	NY/T 1895—2010	豆类、谷类电子束辐照处理技术规范	
4	NY/T 1896—2010	兽药残留实验室质量控制规范	
5	NY/T 1897—2010	动物及动物产品兽药残留监控抽样规范	
6	NY/T 1898—2010	畜禽线粒体 DNA 遗传多样性检测技术规程	
7	NY/T 1899—2010	草原自然保护区建设技术规范	
8	NY/T 1900—2010	畜禽细胞与胚胎冷冻保种技术规范	
9	NY/T 1901—2010	鸡遗传资源保种场保护技术规范	
10	NY/T 1902—2010	饲料中单核细胞增生李斯特氏菌的微生物学检验	
11	NY/T 1903—2010	牛胚胎性别鉴定技术方法 PCR 法	
12	NY/T 1904—2010	饲草产品质量安全生产技术规范	
13	NY/T 1905—2010	草原鼠害安全防治技术规程	
14	NY/T 1906—2010	农药环境评价良好实验室规范	
15	NY/T 1907—2010	推土(铲运)机驾驶员	
16	NY/T 1908—2010	农机焊工	
17	NY/T 1909—2010	农机专业合作社经理人	
18	NY/T 1910—2010	农机维修电工	
19	NY/T 1911—2010	绿化工	
20	NY/T 1912—2010	沼气物管员	
21	NY/T 1913—2010	农村太阳能光伏室外照明装置　第 1 部分:技术要求	
22	NY/T 1914—2010	农村太阳能光伏室外照明装置　第 2 部分:安装规范	
23	NY/T 1915—2010	生物质固体成型燃料术语	
24	NY/T 1916—2010	非自走式沼渣沼液抽排设备技术条件	
25	NY/T 1917—2010	自走式沼渣沼液抽排设备技术条件	
26	NY 1918—2010	农机安全监理证证件	
27	NY 1919—2010	耕整机 安全技术要求	
28	NY/T 1920—2010	微型谷物加工组合机　技术条件	
29	NY/T 1921—2010	耕作机组作业能耗评价方法	
30	NY/T 1922—2010	机插育秧技术规程	
31	NY/T 1923—2010	背负式喷雾机安全施药技术规范	
32	NY/T 1924—2010	油菜移栽机质量评价技术规范	
33	NY/T 1925—2010	在用喷杆喷雾机质量评价技术规范	
34	NY/T 1926—2010	玉米收获机 修理质量	
35	NY/T 1927—2010	农机户经营效益抽样调查方法	
36	NY/T 1928.1—2010	轮式拖拉机　修理质量　第 1 部分:皮带传动轮式拖拉机	
37	NY/T 1929—2010	轮式拖拉机静侧翻稳定性试验方法	
38	NY/T 1930—2010	秸秆颗粒饲料压制机质量评价技术规范	
39	NY/T 1931—2010	农业机械先进性评价一般方法	
40	NY/T 1932—2010	联合收割机燃油消耗量评价指标及测量方法	
41	NY/T 1121.22—2010	土壤检测　第 22 部分:土壤田间持水量的测定　环刀法	
42	NY/T 1121.23—2010	土壤检测 第 23 部分:土粒密度的测定	
43	NY/T 676—2010	牛肉等级规格	NY/T 676—2003
44	NY/T 372—2010	重力式种子分选机质量评价技术规范	NY/T 372—1999

中华人民共和国农业部公告
第1466号

《大豆等级规格》等33项行业标准报批稿业经专家审定通过、我部审查批准，现发布为中华人民共和国农业行业标准，自2010年12月1日起实施。

特此公告

二〇一〇年九月二十一日

附 录

序号	标准号	标准名称	代替标准号
1	NY/T 1933—2010	大豆等级规格	
2	NY/T 1934—2010	双孢蘑菇、金针菇贮运技术规范	
3	NY/T 1935—2010	食用菌栽培基质质量安全要求	
4	NY/T 1936—2010	连栋温室采光性能测试方法	
5	NY/T 1937—2010	温室湿帘 风机系统降温性能测试方法	
6	NY/T 1938—2010	植物性食品中稀土元素的测定 电感耦合等离子体发射光谱法	
7	NY/T 1939—2010	热带水果包装、标识通则	
8	NY/T 1940—2010	热带水果分类和编码	
9	NY/T 1941—2010	龙舌兰麻种质资源鉴定技术规程	
10	NY/T 1942—2010	龙舌兰麻抗病性鉴定技术规程	
11	NY/T 1943—2010	木薯种质资源描述规范	
12	NY/T 1944—2010	饲料中钙的测定 原子吸收分光光谱法	
13	NY/T 1945—2010	饲料中硒的测定 微波消解—原子荧光光谱法	
14	NY/T 1946—2010	饲料中牛羊源性成分检测 实时荧光聚合酶链反应法	
15	NY/T 1947—2010	羊外寄生虫药浴技术规范	
16	NY/T 1948—2010	兽医实验室生物安全要求通则	
17	NY/T 1949—2010	隐孢子虫卵囊检测技术 改良抗酸染色法	
18	NY/T 1950—2010	片形吸虫病诊断技术规范	
19	NY/T 1951—2010	蜜蜂幼虫腐臭病诊断技术规范	
20	NY/T 1952—2010	动物免疫接种技术规范	
21	NY/T 1953—2010	猪附红细胞体病诊断技术规范	
22	NY/T 1954—2010	蜜蜂螨病病原检查技术规范	
23	NY/T 1955—2010	口蹄疫接种技术规范	
24	NY/T 1956—2010	口蹄疫消毒技术规范	
25	NY/T 1957—2010	畜禽寄生虫鉴定检索系统	
26	NY/T 1958—2010	猪瘟流行病学调查技术规范	
27	NY 5359—2010	无公害食品 香辛料产地环境条件	
28	NY 5360—2010	无公害食品 可食花卉产地环境条件	
29	NY 5361—2010	无公害食品 淡水养殖产地环境条件	
30	NY 5362—2010	无公害食品 海水养殖产地环境条件	
31	NY/T 5363—2010	无公害食品 蔬菜生产管理规范	
32	NY/T 460—2010	天然橡胶初加工机械 干燥车	NY/T 460—2001
33	NY/T 461—2010	天然橡胶初加工机械 推进器	NY/T 461—2001

中华人民共和国农业部公告
第 1485 号

根据《中华人民共和国农业转基因生物安全管理条例》规定,《转基因植物及其产品成分检测　耐除草剂棉花 MON1445 及其衍生品种定性 PCR 方法》等 19 项标准业经专家审定通过和我部审查批准,现发布为中华人民共和国国家标准。自 2011 年 1 月 1 日起实施。

特此公告

二〇一〇年十一月十五日

附 录

序号	标准名称	标准代号
1	转基因植物及其产品成分检测　耐除草剂棉花 MON1445 及其衍生品种定性 PCR 方法	农业部 1485 号公告—1—2010
2	转基因微生物及其产品成分检测　猪伪狂犬 TK⁻/gE⁻/gI⁻毒株(SA215 株)及其产品定性 PCR 方法	农业部 1485 号公告—2—2010
3	转基因植物及其产品成分检测　耐除草剂甜菜 H7-1 及其衍生品种定性 PCR 方法	农业部 1485 号公告—3—2010
4	转基因植物及其产品成分检测　DNA 提取和纯化	农业部 1485 号公告—4—2010
5	转基因植物及其产品成分检测　抗病水稻 M12 及其衍生品种定性 PCR 方法	农业部 1485 号公告—5—2010
6	转基因植物及其产品成分检测　耐除草剂大豆 MON89788 及其衍生品种定性 PCR 方法	农业部 1485 号公告—6—2010
7	转基因植物及其产品成分检测　耐除草剂大豆 A2704—12 及其衍生品种定性 PCR 方法	农业部 1485 号公告—7—2010
8	转基因植物及其产品成分检测　耐除草剂大豆 A5547—127 及其衍生品种定性 PCR 方法	农业部 1485 号公告—8—2010
9	转基因植物及其产品成分检测　抗虫耐除草剂玉米 59122 及其衍生品种定性 PCR 方法	农业部 1485 号公告—9—2010
10	转基因植物及其产品成分检测　耐除草剂棉花 LLcotton25 及其衍生品种定性 PCR 方法	农业部 1485 号公告—10—2010
11	转基因植物及其产品成分检测　抗虫转 Bt 基因棉花定性 PCR 方法	农业部 1485 号公告—11—2010
12	转基因植物及其产品成分检测　耐除草剂棉花 MON88913 及其衍生品种定性 PCR 方法	农业部 1485 号公告—12—2010
13	转基因植物及其产品成分检测　抗虫棉花 MON15985 及其衍生品种定性 PCR 方法	农业部 1485 号公告—13—2010
14	转基因植物及其产品成分检测　抗虫转 Bt 基因棉花外源蛋白表达量检测技术规范	农业部 1485 号公告—14—2010
15	转基因植物及其产品成分检测　抗虫耐除草剂玉米 MON88017 及其衍生品种定性 PCR 方法	农业部 1485 号公告—15—2010
16	转基因植物及其产品成分检测 抗虫玉米 MIR604 及其衍生品种定性 PCR 方法	农业部 1485 号公告—16—2010
17	转基因生物及其产品食用安全检测 外源基因异源表达蛋白质等同性分析导则	农业部 1485 号公告—17—2010
18	转基因生物及其产品食用安全检测 外源蛋白质过敏性生物信息学分析方法	农业部 1485 号公告—18—2010
19	转基因植物及其产品成分检测 基体标准物质候选物鉴定方法	农业部 1485 号公告—19—2010

中华人民共和国农业部公告
第 1486 号

根据《中华人民共和国兽药管理条例》和《中华人民共和国饲料和饲料添加剂管理条例》规定，《饲料中苯乙醇胺 A 的测定　高效液相色谱—串联质谱法》等 10 项标准业经专家审定通过和我部审查批准，现发布为中华人民共和国国家标准，自发布之日起实施。

特此公告

二〇一〇年十一月十六日

附　录

序号	标准名称	标准代号
1	饲料中苯乙醇胺 A 的测定　高效液相色谱—串联质谱法	农业部 1486 号公告—1—2010
2	饲料中可乐定和赛庚啶的测定　液相色谱—串联质谱法	农业部 1486 号公告—2—2010
3	饲料中安普霉素的测定　高效液相色谱法	农业部 1486 号公告—3—2010
4	饲料中硝基咪唑类药物的测定　液相色谱—质谱法	农业部 1486 号公告—4—2010
5	饲料中阿维菌素药物的测定　液相色谱—质谱法	农业部 1486 号公告—5—2010
6	饲料中雷琐酸内酯类药物的测定　气相色谱—质谱法	农业部 1486 号公告—6—2010
7	饲料中 9 种磺胺类药物的测定　高效液相色谱法	农业部 1486 号公告—7—2010
8	饲料中硝基呋喃类药物的测定　高效液相色谱法	农业部 1486 号公告—8—2010
9	饲料中氯烯雌醚的测定　高效液相色谱法	农业部 1486 号公告—9—2010
10	饲料中三唑仑的测定　气相色谱—质谱法	农业部 1486 号公告—10—2010

中华人民共和国农业部公告
第1515号

《农业科学仪器设备分类与代码》等50项标准业经专家审定通过，我部审查批准，现发布为中华人民共和国农业行业标准，自2011年2月1日起实施。

特此公告。

二〇一〇年十二月二十三日

附　录

序号	标准号	标准名称	代替标准号
1	NY/T 1959—2010	农业科学仪器设备分类与代码	
2	NY/T 1960—2010	茶叶中磁性金属物的测定	
3	NY/T 1961—2010	粮食作物名词术语	
4	NY/T 1962—2010	马铃薯纺锤块茎类病毒检测	
5	NY/T 1963—2010	马铃薯品种鉴定	
6	NY/T 1151.3—2010	农药登记用卫生杀虫剂室内药效试验及评价　第3部分：蝇香	
7	NY/T 1964.1—2010	农药登记用卫生杀虫剂室内试验试虫养殖方法　第1部分：家蝇	
8	NY/T 1964.2—2010	农药登记用卫生杀虫剂室内试验试虫养殖方法　第2部分：淡色库蚊和致倦库蚊	
9	NY/T 1964.3—2010	农药登记用卫生杀虫剂室内试验试虫养殖方法　第3部分：白纹伊蚊	
10	NY/T 1964.4—2010	农药登记用卫生杀虫剂室内药效试验及评价　第4部分：德国小蠊	
11	NY/T 1965.1—2010	农药对作物安全性评价准则　第1部分：杀菌剂和杀虫剂对作物安全性评价室内试验方法	
12	NY/T 1965.2—2010	农药对作物安全性评价准则　第2部分：光合抑制型除草剂对作物安全性测定试验方法	
13	NY/T 1966—2010	温室覆盖材料安装与验收规范　塑料薄膜	
14	NY/T 1967—2010	纸质湿帘性能测试方法	
15	NY/T 1968—2010	玉米干全酒糟(玉米 DDGS)	
16	NY/T 1969—2010	饲料添加剂　产朊假丝酵母	
17	NY/T 1970—2010	饲料中伏马毒素的测定	
18	NY/T 1971—2010	水溶肥料腐植酸含量的测定	
19	NY/T 1972—2010	水溶肥料钠、硒、硅含量的测定	
20	NY/T 1973—2010	水溶肥料水不溶物含量和 pH 值的测定	
21	NY/T 1974—2010	水溶肥料铜、铁、锰、锌、硼、钼含量的测定	
22	NY/T 1975—2010	水溶肥料游离氨基酸含量的测定	
23	NY/T 1976—2010	水溶肥料有机质含量的测定	
24	NY/T 1977—2010	水溶肥料总氮、磷、钾含量的测定	
25	NY/T 1978—2010	肥料汞、砷、镉、铅、铬含量的测定	
26	NY 1979—2010	肥料登记　标签技术要求	
27	NY 1980 2010	肥料登记　急性经口毒性试验及评价要求	
28	NY/T 1981—2010	猪链球菌病监测技术规范	
29	NY 886—2010	农林保水剂	NY 886—2004
30	NY/T 887—2010	液体肥料密度的测定	NY/T 887—2004
31	NY 1106—2010	含腐殖酸水溶肥料	NY 1106—2006
32	NY 1107—2010	大量元素水溶肥料	NY 1107—2006
33	NY 1110—2010	水溶肥料汞、砷、镉、铅、铬的限量要求	NY 1110—2006
34	NY/T 1117—2010	水溶肥料钙、镁、硫、氯含量的测定	NY/T 1117—2006
35	NY 1428—2010	微量元素水溶肥料	NY 1428—2007
36	NY 1429—2010	含氨基酸水溶肥料	NY 1429—2007
37	SC/T 1107—2010	中华鳖　亲鳖和苗种	
38	SC/T 3046—2010	冻烤鳗良好生产规范	
39	SC/T 3047—2010	鳗鲡储运技术规程	
40	SC/T 3119—2010	活鳗鲡	
41	SC/T 9401—2010	水生生物增殖放流技术规程	
42	SC/T 9402—2010	淡水浮游生物调查技术规范	
43	SC/T 1004—2010	鳗鲡配合饲料	SC/T 1004—2004

（续）

序号	标准号	标准名称	代替标准号
44	SC/T 3102—2010	鲜、冻带鱼	SC/T 3102—1984
45	SC/T 3103—2010	鲜、冻鲳鱼	SC/T 3103—1984
46	SC/T 3104—2010	鲜、冻蓝圆鲹	SC/T 3104—1986
47	SC/T 3106—2010	鲜、冻海鳗	SC/T 3106—1988
48	SC/T 3107—2010	鲜、冻乌贼	SC/T 3107—1984
49	SC/T 3101—2010	鲜大黄鱼、冻大黄鱼、鲜小黄鱼、冻小黄鱼	SC/T 3101—1984
50	SC/T 3302—2010	烤鱼片	SC/T 3302—2000

中华人民共和国卫生部
中华人民共和国农业部　公告

2010年第13号

根据《食品安全法》规定，经食品安全国家标准审评委员会审查通过，现发布《食品安全国家标准 食品中百菌清等12种农药最大残留限量》(GB 25193—2010)，自2010年11月1日起实施。

特此公告。

二〇一〇年七月二十九日

中华人民共和国卫生部
中华人民共和国农业部　公告

2011年第2号

根据《食品安全法》规定，经食品安全国家标准审评委员会审查通过，现发布食品安全国家标准《食品中百草枯等54种农药最大残留限量》(GB 26130—2010)，自2011年4月1日起实施。

特此公告。

二〇一一年一月二十一日

图书在版编目（CIP）数据

最新中国农业行业标准．第7辑．公告分册/农业标准出版研究中心编．—北京：中国农业出版社，2012.1
（中国农业标准经典收藏系列）
ISBN 978-7-109-16174-0

Ⅰ．①最… Ⅱ．①农… Ⅲ．①农业—行业标准—汇编—中国 Ⅳ．①S-65

中国版本图书馆CIP数据核字（2011）第209700号

中国农业出版社出版
（北京市朝阳区农展馆北路2号）
（邮政编码 100125）
责任编辑 刘 伟 李文宾

北京通州皇家印刷厂印刷 新华书店北京发行所发行
2012年1月第1版 2012年1月北京第1次印刷

开本：880mm×1230mm 1/16 印张：17.5
字数：553千字
定价：106.00元